多功能高精度
区域空气质量预报系统研发及
示范应用

陈多宏　王自发　谢敏　郑君瑜　徐伟嘉　区宇波 ◎ 编著

U0385802

中山大学出版社
SUN YAT-SEN UNIVERSITY PRESS
·广州·

图书在版编目（CIP）数据

多功能高精度区域空气质量预报系统研发及示范应用/陈多宏，王自发，谢敏，郑君瑜，徐伟嘉，区宇波编著. —广州：中山大学出版社，2018.8

ISBN 978 - 7 - 306 - 06360 - 1

Ⅰ. ①多… Ⅱ. ①陈… ②王… ③谢… ④郑… ⑤徐… ⑥区… Ⅲ. ①环境空气质量—预报—研究—广东 Ⅳ. ①X831

中国版本图书馆 CIP 数据核字（2018）第 116470 号

DUOGONGNENG GAOJINGDU QUYU KONGQIZHILIANG YUBAO XITONG YANFA JI SHIFAN YINGYONG

出　版　人：王天琪
策划编辑：嵇春霞
责任编辑：王　睿
封面设计：曾　斌
责任校对：付　辉
责任技编：何雅涛
出版发行：中山大学出版社
电　　话：编辑部 020 - 84110771，84113349，84111997，84110779
　　　　　发行部 020 - 84111998，84111981，84111160
地　　址：广州市新港西路 135 号
邮　　编：510275　传　真：020 - 84036565
网　　址：http://www.zsup.com.cn　E-mail：zdcbs@mail.sysu.edu.cn
印　刷　者：广州家联印刷有限公司
规　　格：787mm×1092mm　1/16　15 印张　365 千字
版次印次：2018 年 8 月第 1 版　2018 年 8 月第 1 次印刷
定　　价：62.00 元

《多功能高精度区域空气质量预报系统研发及示范应用》
编写指导委员会

主 任 陈春贻

副主任 李健军 吕小明 区宇波 钟流举 王自发 郑君瑜

委 员 （以姓氏笔画为序）

白 莉　许 凡　江 明　李 阳　陈多宏　张 苒

何海敬　周国强　林燕春　柴子为　徐伟嘉　谢 敏

主 编 陈多宏 王自发 谢 敏 郑君瑜 吕小明 徐伟嘉
区宇波

编 写 （以姓氏笔画为序）

王文丁　邓光侨　邓 滢　卢志想　叶斯琪　皮冬勤

刘 建　刘 亮　许 凡　苏 彦　李红霞　吴剑斌

汪 宇　沈 劲　张稳定　陈 虹　陈焕盛　林小平

周亦凌　赵江伟　钟庄敏　钟英立　晏平仲　殷晓鸿

唐 晓　黄建彰　黄奕维　康 明　嵇 萍　曾建伟

蔡日东　裴成磊　潘月云

内 容 简 介

　　本书基于广东省区域和城市的空气质量预报业务工作实践，提出了多功能高精度区域空气质量预报系统的集成与应用框架，阐述了区域大气污染物排放源清单及其动态管理系统、区域空气质量多模式集合数值预报技术、城市空气质量统计预报技术、区域空气质量预报产品服务系统等的研发和建设；同时，介绍了广东省大气污染案例库、基于大气污染源清单和数值模型的大气污染源解析技术方法及应用，以及空气质量预报业务与会商合作机制等内容。本书是广东省空气质量预测预报技术工作的系统总结，较全面地介绍了研究背景、研究过程、主要研究成果及其应用实践，旨在为我国区域性空气质量业务化预报与信息发布等工作提供技术借鉴和参考。

前　言

近年来，区域性大气污染尤其是城市空气污染备受公众关注，国家和广东省政府也相继出台了《大气污染防治行动计划》和《广东省大气污染防治行动方案（2014—2017年）》等一系列重要文件，要求进一步加强大气污染防控工作，确保空气质量改善目标顺利完成。大气污染的严峻形势及其区域联防联控对区域空气质量监测与预报预警提出了前所未有的技术要求。为更好地反映大气环境污染变化趋势，为环境管理决策提供及时、准确、全面的环境质量信息，有效应对大气污染事件，广东省环境监测中心开展了以预报业务为核心，以服务公众和相关环境管理部门为目的，以建设空气质量预报预警技术体系为主线的系统性研究工作，本书是对上述工作的梳理和系统总结，将为相关技术人员和研究学者提供参考。

本书由陈多宏、区宇波等策划并提出总体构思，他们设计了篇章结构，确定了各章节的重点内容及内在逻辑关系，并对全书的质量进行把关。谢敏、沈劲和叶斯琪负责全书的统稿以及内容和质量审查。该书分为上、下两编，上编内容为系统研发与集成，主要介绍空气质量预报业务发展历程及发展趋势、多功能高精度区域空气质量预报系统的建设思路及各组成部分的建设过程；下编内容为系统示范应用，主要围绕业务机制建设和系统示范应用展开详细讨论。各部分内容和主要撰写人员分别为：第1章概述，由陈多宏、沈劲撰写；第2章系统建设思路，由区宇波、谢敏撰写；第3章区域大气排放源清单的建立，由郑君瑜、叶斯琪撰写；第4章区域空气质量多模式集合数值预报系统集成，由王自发、沈劲撰写；第5章城市空气质量统计预报系统集成，由汪宇、邓滢撰写；第6章区域空气质量预报产品服务系统建设，由谢敏、李红霞撰写；第7章区域空气质量预报视频会商系统建设，由曾建伟撰写；第8章区域空气质量预报业务平台总体集成，由谢敏、徐伟嘉撰写；第9章区域空气质量预报业务机制与体系，由潘月云、谢敏、许凡撰写；第10章空气质量预报评价技术方法，由叶斯琪、嵇萍撰写；第11章区域颗粒物与臭氧污染预报方法，由汪宇、沈劲撰写；第12章广东省区域大气典型污染过程案例库建设及应用，由潘月云、周亦凌、嵇萍撰写；第13章基于源清单的来源解析方法及应用，由叶斯琪、殷晓鸿撰写；第14章基于数值模型的来源解析方法及应用，由沈劲撰写；第15章定量解析气象与污染源变化对空气质量影响的方法研究及应用，由沈劲撰写；第16章减排情景设计与空气质量改善成效评估，由汪宇撰写；第17章总

1

结与展望，由陈多宏撰写。

本书的相关研究工作和出版得到了广东省环境保护厅、广东省各市环境监测（中心）站等单位的支持，在此表示衷心感谢！本书出版得到国家科技支撑计划项目"珠三角区域大气污染联防联控支撑技术研发与应用（2014BAC21B00）"、广东省空气质量预报预警系统建设等相关项目经费资助。由于我们知识水平和实际经验的局限性，错误和不足之处在所难免，敬请广大读者和同行专家批评指正！

编著者

2017 年 9 月于广州

目 录

上编
系统研发与集成

在我国环境空气 $PM_{2.5}$ 增多与臭氧污染问题日益凸显的情况下,空气质量监测以及预报预警业务的作用越来越重要。近年来,我国进一步加强了大气污染防控工作,建立健全大气污染监测预警体系。广东省环境保护部门随之开展了全面的业务能力建设,以逐步实现高精度区域空气质量预报为目标,进行了预报技术开发和业务系统建设。

目前,已建成的多功能高精度区域空气质量预报系统主要由预报业务平台、数值预报模型系统、高性能计算系统及会商中心等组成,全方位服务于珠三角区域及广东省空气质量业务化预报与信息发布工作。本编主要介绍空气质量预报业务的发展历程及发展趋势、多功能高精度区域空气质量预报系统的建设思路及各组成部分的建设过程,详见各章内容。

第1章 概 述

为更好地反映大气环境污染变化趋势，为环境管理决策提供及时、准确、全面的环境质量信息，有效应对大气重污染事件，改善区域空气质量，保障人民群众的环境权益，开展空气污染预报预警工作非常有必要。空气质量预报系统经历了多年的发展，在不少省市的环保部门得到应用或优化升级，但目前大多数预报系统在技术和集成等方面仍存在问题，各级环保部门对空气质量预报及其衍生功能仍存在很大需求。广东省环保部门在空气质量预报方面做了若干探索性工作，因此，本书总结预报系统建设与应用过程中的经验，为相关环保工作者提供空气质量预报系统的介绍，并为相关部门预报系统升级提供参考。

1.1 相关政策法规

2013 年 9 月，国务院批准实施《大气污染防治行动计划》（国发〔2013〕37 号，即"大气国十条"），要求全国各地进一步加强大气污染防控工作，改善空气质量。到 2017 年底，京津冀、长江三角洲（以下简称"长三角"）和珠江三角洲（以下简称"珠三角"）细颗粒物（$PM_{2.5}$）年均浓度比 2012 年分别降低 25%、20% 和 15%。同年，各省、自治区、直辖市与国家签订了《大气污染防治目标责任书》（环办函〔2013〕979 号）。

为更好地完成国家下达的空气质量改善目标任务，广东省政府将开展大气重污染监测预警工作列入 2013 年"十件民生大事"，并定期进行督办。2014 年，省政府颁布实施了《广东省大气污染防治行动方案（2014—2017 年)》，要求完善全省大气环境监测网络和建立健全大气重污染监测预警体系，进一步加强大气污染防控工作，确保空气质量改善目标顺利完成。

在上述背景下，依据《城市大气重污染应急预案编制指南》（环办函〔2013〕504号）、《关于加强环境空气质量监测能力建设的意见》（环发〔2012〕33 号）、《关于做好京津冀、长三角、珠三角重点区域空气重污染监测预警工作的通知》（环办函〔2013〕1358 号）、《关于认真学习领会贯彻落实〈大气污染防治行动计划〉的通知》（环发〔2013〕103 号）、《关于进一步做好重污染天气条件下空气质量监测预警工作的通知》（环办〔2013〕2 号）、《关于信息安全等级保护工作的实施意见》（公通字〔2004〕66 号）等国家及地方有关政策、法规、技术规范等，广东省实施了新一轮空气

3

质量预报预警系统的建设工作。

1.2 区域空气质量预报技术发展历程

空气质量预报是指利用各种技术方法与手段，对大气中的主要污染物浓度及其时空变化进行预报，从时间上可以分为趋势预报、短期预报和临近预报。预报预警系统是综合各种技术手段，以友好的方式展示预报结果、来源解析、成因分析、预警建议等的一体化和自动化平台。

空气质量预报是一项复杂的系统工程，是当今环境科学研究的热点与难题。目前，国际上空气质量预报的方法有两种：一种是以统计学方法为基础，利用现有数据，基于统计分析，研究大气环境的变化规律，建立大气污染物浓度与气象参数间的统计预报模型，预测大气污染物浓度，称之为统计预报（沈劲等，2015）；另一种则是以大气动力学理论为基础，基于对大气物理和化学过程的理解，建立大气污染物浓度在空气中的输送扩散数值模型，借助计算机来预测大气污染物浓度在空气中的动态分布，称之为数值预报（Eder 等，2006）。统计预报方法相对简单，易于推广，尤其适用于污染源排放及环境现状资料较为欠缺的城市和地区，但该方法缺乏对真实大气变化过程及其内部机理的认识与把握，其预测结果与实际观测结果相比往往偏差较大，且该偏差较为随机，难以有针对性地加以改进。自20世纪70年代起，国外学者基于数值天气预报开始了大气化学模型的探索研究，特别是近20年来，由于计算机技术的高速发展，数学方法应用和发展较为迅速，空气质量数值模拟预报进展很快，预报模式在空间范围以及污染物种类上都显著增加，由局地发展到局地、城市和区域多种尺度，并且可以同时预报多种污染物（Otte 等，2006）。空气质量预报模式是计算机技术、大气动力学理论和数学物理方法发展的产物，它可以弥补地面观测和遥感在研究内容和研究地点上的不足，目前已在全球范围内广泛使用。现阶段应用较为广泛的空气质量预报模式包括：美国的 WRF-Chem、Models-3/CMAQ、CAMx；德国的 EURAD；法国的 CHIMERE；芬兰的 SILAM；英国的"Your Air"系统和 NAME；西班牙的 EOAQF；瑞典的 MAQS；荷兰的 LOTOS-EUROS；中国的 NAQPMS 和 GRAPES-CHAF 等（沈劲，2011）。

环境空气质量预报从简单到先进、从定性到定量、从经验统计与数值模式分离到结合，逐步形成以数值模式结合统计模式的国际主流业务应用和科研发展模式。

20世纪60年代，欧美等发达国家和地区开展了空气质量预报工作，在预报臭氧、细颗粒物等空气污染物的浓度及污染物跨区传输的工作上取得了较好的效果。美国投入了大量的人力和物力开发研究大气污染数值预报模式，从20世纪80年代第二代处理单污染物质的酸沉降模式 RADM（Middleton 和 Chang，1993）、ADOM（Venkatram 等，1992）、STEM（Carmichael 等，1991），到90年代末期推出的第三代基于"一个大气"理念开发设计的"Models-3/CMAQ"模式系统（沈劲等，2011），2000年后推出的包含大气污染物与气象场之间双向反馈作用的 WRF-Chem 模式（Zhang 等，2012）。2007年，为应对日益增加的需求，美国联邦环保署空气质量管理局成立 AirNOW 系统团队，形成了一系列由区域-城市-地区构成的包括多种污染物的空气质量短期、中长期预报模式（陆涛，2011）。同期，德国等欧盟国家和地区都成立专门的环保预报机构，可以对多尺度、多物种环境空气质量进行 3～7 天的预报。在应用中，第一代模式仅用于原生污染物扩散及简易反应性轨迹模拟；第二代模式虽然可以模拟较为复杂的反应机制，但是由于其设计分别针对光化学反应气态污染物或固态污染物，因而其模拟结果通常仅为单一介质的浓度；第三代空气质量模式采纳了"一个大气"的概念，可以进行较为全面的空气污染物浓度模拟和空气质量预报研究（郭建秋，2011；薛文博等，2013）。

自 2000 年开始，中国环境监测总站组织 47 个环境保护重点城市开展了城市环境空气质量日报和预报工作，各大空气质量业务预报部门普遍采用统计预报方法，部分城市则基于更为先进的数值预报模式进行了探索性应用。目前，我国相继研发出多个具有自主知识产权的空气质量预报模式，例如，中国科学院大气物理研究所的 NAQPMS 模式、中国气象科学研究院的 GUACE 模式、南京大学的 NJU-CAQPS 模式等。这些模式在区域和城市空气质量的模拟预报中有了一定的应用（Zhang 等，2006）。其中，NAQPMS 模式已在北京、上海、广州、西安、沈阳等 10 多个城市实现了实时空气质量业务预报，以 NAQPMS 模式为核心并结合国外先进模式 CMAQ、CAMx 集成构建的多模式集成预报系统（EMS）也在京津冀、长三角、珠三角地区应用并取得较好的效果，在 2008 年北京奥运会、2010 年上海世博会、2010 年广州亚运会等重大活动的空气质量保障工作中发挥了重要的作用。然而，由于国内污染源清单和排放数据库尚不健全，大气污染数值预报模式起步较晚，开展包含多种尺度、多种化学传输过程和多种污染源模式的精细大气污染数值预报业务模式还需一定的时间。

目前，广东省空气质量预报系统主要包含预报业务平台、数值预报模型系统、高性能计算系统及视频会商中心。广东省环保部门通过提高现有高性能计算平台的计算能力和储存能力，更新广东省大气污染物高分辨率排放源清单，开发统计预报模型，集成包括 NAQPMS、CMAQ 和 CAMx 等国内外主流空气质量模式的数值预报系统，并将业务流程嵌入其中，建成了全省空气质量预报业务平台，全方位服务于广东省空气质量业务化预报与信息发布工作。

1.3 存在问题及发展趋势

1.3.1 存在的问题

（1）预报准确性偏低。目前的自动化业务预报模型在预报准确性方面仍存在不足，特别是在重污染时段，预报模型时常低估污染的强度与影响范围。为增强预报业务能力，需要不断积累和发展新技术，提高预测准确性。由于空气质量模型主要是基于大气源排放清单与气象场进行预报，因此，应着重关注源清单与气象场的构建与模拟；同时，模型的物理化学过程算法也需要改进。

（2）排放清单不完善。作为预报的基础性输入，排放源清单目前存在较大的滞后性与不确定性，仍需进一步细化。

（3）污染来源追因结果难以解析。目前，模型解析的细颗粒来源结果与基于受体模型得到的结果存在一定的差距，对于臭氧来源常难以解析，解析结果偏离预期。由于区域来源无法通过实测的方法进行验证，因此面临着结果无法评估的问题。

（4）会商与管理支撑有待完善。重污染时期多部门联合会商机制有待进一步完善，预报系统与管理需求的对接仍不够顺畅与紧密，预报系统在某些时候无法满足管理的需求，如预测到重污染时，不能给出措施建议。另外，预报与会商的流程机制与人才队伍建设有待进一步成熟。

1.3.2　发展趋势

（1）提高模型预报的准确性。继续加深模型的本地化，改进模型的多种大气物理与化学过程的算法。源清单系统逐步升级为可实时动态更新的系统，进一步提升源清单的时效性。应用多维多源数据进行资料同化，提高预报的准确性。

（2）提高预报时长。长期预报对于大气污染防治措施的制订与实施有重要意义，因此，未来数值预报也将向月度或更长时段发展。

（3）完善与发展预报系统的辅助分析功能。目前的来源解析模块仍存在较多问题，未来有必要深入对比大气污染物化学成分的模拟或预报结果与实测结果，对比数值模型来源解析结果与基于其他观测方法的结果，不断提高模型来源解析结果的可靠性。另外，还要继续研发其他污染过程分析或决策支持工具。

（4）制定和应用与健康相关的空气质量指标。通过研究不同疾病导致的入院率与死亡率等与空气污染物之间的量化关系，制定一个与健康挂钩的空气质量指标，明确其算法，并对其进行分级，应用于空气质量的评估。

参考文献

［1］郭建秋. 空气质量模式发展与应用现状［J］. 北方环境，2011（7）：89 - 90.

［2］沈劲，王雪松，李金凤，等. Models-3/CMAQ 和 CAMx 对珠江三角洲臭氧污染模拟的比较分析［J］. 中国科学：化学，2011，41（11）：1750 - 1762.

［3］沈劲，钟流举，何芳芳，等. 基于聚类与多元回归的空气质量预报模型开发［J］. 环境科学与技术，2015，38（2）：63 - 66.

［4］沈劲. 珠江三角洲臭氧生成敏感性与来源解析研究［D］. 北京：北京大学，2011.

［5］薛文博，王金南，杨金田，等. 国内外空气质量模型研究进展［J］. 环境与可持续发展，2013（3）：14 - 20.

［6］Carmichael G R，Peters L K，Saylor R D. The STEM-II regional scale acid deposition and photochemical oxidant model-I. An overview of model development and applications［J］. Atmospheric Environment，Part A. General Topics，1991，25（10）：2077 - 2090.

［7］Middleton P，Chang J S，Beauharnois M，et al. The role of nitrogen oxides in oxidant production as predicted by the Regional Acid Peposition Model（RADM）［J］. Water，Air，& Soil Pollueion，1993，67（1 - 2），pp133 - 159.

［8］Eder B，Kang D，Mathur R，et al. An operational evaluation of the Eta-CMAQ air quality forecast model［J］. Atmospheric Environment，2006，40（26）：4894 – 4905.

［9］ Otte T L，Pouliot G，Pleim J E，et al. Linking the Eta model with the Community Mul-
tiscale Air Quality（CMAQ）modeling system to build a national air quality forecasting
system［J］. Weather and Forecasting，2005，20（3）：367 – 384.

［10］ Venkatram A，Karamchandani P，Kuntasal G，et al. The development of the acid dep-
osition and oxidant model（ADOM）［J］. Environmental Pollution，1992，75（2）：
189 – 198.

［11］ 陆涛. 美国 AIRNOW 空气质量动态发布技术在上海的应用［J］. 环境监控与预警，
2011，3（1）：4 – 7.

［12］ Zhang Y，Karamchandani P，Glotfelty T，et al. Development and initial application of
the global-through-urban weather research and forecasting model with chemistry（GU-
WRF-Chem）［J］. Journal of Geophysical Research：Atmospheres，2012，117
（D20）.

［13］ Zhang Y，Smith J，Wang Z，et al. Medium-Range Air Quality Forecast during the Bei-
jing Olympic Games［C］. San Francisco：AGU Fall Meeting Abstracts. 2008.

第2章 系统建设思路

空气质量预报预警系统建设是一项面向社会公众服务、政府环境管理的应用性和实用型研究，涉及环境监测、数值模拟、排放调查、信息通讯、数据分析、计算机软件、环境管理等领域和技术，是一项复杂的系统工程。科学设定研究目标、合理确定研究内容、制定可行的研究技术路线、把握关键技术问题，是有效开展该项目研究工作的基础和保证。

2.1 系统建设目标

针对重点城市群区域严峻、复杂的大气污染形势与特征，进一步加大科研与基础能力建设力度，须建成一个具备区域特点、功能完备、科学规范、运行有效的区域空气质量监测与预报预警业务系统，以及空气质量改善成效评估与业务支撑体系，为开展大气重污染应急处置及保障公众健康提供长期的基础数据和有力的科技支撑。建成一个服务全省、技术先进、全面涵盖业务范围的区域空气质量预报系统平台，并实现预报工作业务化运行，显著提高环保部门空气质量预报技术水平，满足社会公众日益高涨的环境诉求，推动环境管理和公众服务水平的提升。

2.2 技术路线

图2-1为区域空气质量监测预报的核心技术架构，基于常规监测网络和立体复合

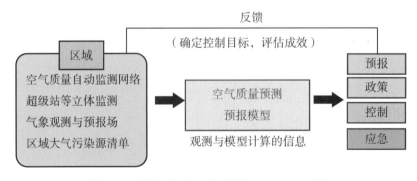

图2-1　区域空气质量监测预报的核心技术架构

污染监测数据、气象观测与预测数据，以及大气污染源清单等，为空气质量预测预报模型提供输入参数，其输出产品则为开展预报业务、污染防控、政策建议等提供科学依据，同时政策和措施的落实也会反馈到空气质量监测或模拟中，据此进一步开展控制目标制定和成效评估等工作。

建设多功能高精度区域空气质量预报业务平台，主要通过集成大气污染排放源清单及其管理系统、区域空气质量多模式数值预报系统、城市空气质量统计预报模型、预报产品服务系统、可视化会商系统、污染预报分析辅助工具，以及大气污染案例库等，为自身开展和指导地市开展日常预报业务、向公众提供信息服务、向上级管理部门提供决策支持夯实基础。空气质量预报系统建设的技术路线如图2-2所示。

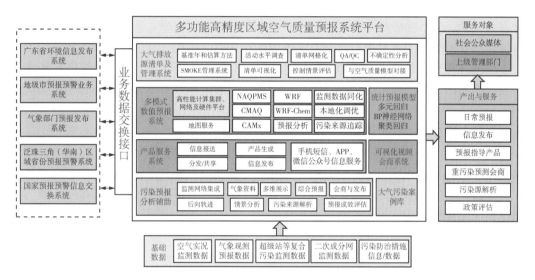

图2-2 多功能高精度区域空气质量预报系统建设的核心技术架构

2.3 建设与应用思路

为完成系统建设目标，需要集中开展以下12个方面的技术研发、系统集成与应用等工作。

（1）大气污染物排放源清单的建立与动态管理。总结以往长期、分阶段的排放源清单建设过程和经验，初步实现区域排放源清单的业务化更新，建立较为系统的排放源清单的方法技术体系。主要包括排放源清单源分类和估算方法、质量保证/质量控制与不确定性分析、与空气质量模型的对接，以及基于SMOKE的排放源清单管理与动态更新系统研制等。

（2）区域空气质量多模式集合数值预报技术研发与系统集成。通过建设高性能集群计算系统、模式参数方案本地化调优等，建立一套集成多种空气质量数值预报模式、具备污染来源解析模块和污染资料准实时同化模块的空气质量多模式集合预报系统。

（3）城市空气质量统计预报技术研发与系统集成。以污染物浓度观测资料和气象数据资料为基础，通过因子初选和相关性分析，应用多元线性回归分析、聚类回归分析、BP 神经网络分析、天气形势预测分析等统计方法，建立城市级的大气污染物预测模型。

（4）可视化业务会商网络技术规划与示范应用。视频会商网络选用以 VPN 为核心的隧道建网，利用网络进行有效规划和安全管理，确保资源的共享和协调以及各业务系统之间的交叉和融合，最大程度发挥网络会商的支撑作用。

（5）区域大气污染案例库的建立。回顾分析近年来较为典型的区域大气污染案例，分析其空气质量变化特征，掌握污染过程的气象因素，识别污染来源与成因。提出大气污染案例的定义、特征识别方法和入库方法，为日常预报工作提供案例参考。

（6）空气质量预报产品服务系统的研发与集成。该系统主要通过产品生成、产品分发与共享、信息报送与管理、信息发布，以及手机短信、APP 及微信公众号服务等子系统，向各级空气质量监测与预报预警平台推送数据产品并实现信息发布功能。

（7）区域空气质量预报系统平台的总体集成及应用。通过建立多源数据的接入与存储规范、四大监测网络的总体集成及其网络化质量管理、多模式数值预报系统和统计预报模型集成、大气污染综合分析与可视化、预报辅助功能工具等方面的开发与应用，形成开展全省空气质量预报业务工作的载体和核心。

（8）空气质量预报业务机制与会商合作机制的建立。结合业务发展的需求，制定我省区域空气质量预报与会商相关的工作制度与规范，包括业务化预报技术规则、预报工作流程、预报会商流程、信息发布、预报值班制度、预报回顾与展望周报制、重污染快报制及预警机制等业务规范和技术规定。

（9）基于数值模型法的大气污染来源解析方法及应用。基于区域空气质量数值模拟系统模型及其高性能计算系统，开展本地区典型臭氧和细颗粒物污染来源识别与追踪方法的研究及应用，并形成自动化运行工具。

（10）基于源清单法的大气污染来源解析方法及应用。基于特定基准年的区域大气排放源清单和 SMOKE 管理与动态更新系统，开展本地区主要大气污染物的来源解析，定量分析主要大气污染物的源排放贡献、重点行业排放贡献以及不同城市和地区的排放贡献，形成基于源清单法的区域大气污染来源解析结果。

（11）减排情景设计与空气质量改善成效评估。为有针对性地提出大气污染控制方案，分析空气质量改善目标的可达性，通过研究不同排放情景下各个污染源和污染物对空气污染的贡献以及大气污染的空间来源，模拟和评估污染控制效果。

（12）区域空气质量预报系统建设与应用的未来展望。根据对行业技术发展和公众需求的分析诊断，从业务需求、系统功能、工作机制等方面探讨区域空气质量预报系统建设与应用的发展趋势，为未来相关技术研发工作提供参考。

第3章　区域大气排放源清单的建立

大气排放源清单是指某一特定地理区域在某一特定时期内，基于污染源分类的，由各种污染源排放到大气中的一种或多种污染物的列表（郑君瑜，2014）。本章主要介绍建立区域大气排放源清单的技术方法，主要内容包括：区域大气排放源清单建立发展历程；区域大气排放源清单建立的基本概况；区域排放源清单与空气质量模型的对接；排放源清单质量保证/质量控制与不确定性分析；区域排放源清单动态更新机制与工具研制；等等。

3.1　区域大气排放源清单建立发展历程

3.1.1　我国区域排放源清单发展阶段

大气排放源清单是开展排放源特征研究和空气质量数值模拟的基础数据，对于了解污染源排放现状，预测未来污染演变趋势有重要的作用。我国对于大气排放源清单的研究起步较晚，很多工作都是随着区域大气污染问题的出现以及对此认识的不断深入而开展的。总的来说，我国区域大气排放源清单的建立发展经历了以下四个阶段（郑君瑜，2014）。

（1）第一阶段是 20 世纪 80 年代后期至 90 年代后期，这一阶段关注的大气污染问题主要是煤烟型污染。因此，排放源清单建立的重点也是针对煤炭燃烧排放的烟气、粉尘、二氧化硫和氮氧化物等一次污染物，关注的排放源类别集中在能源燃烧部门，如电厂和工业锅炉以及道路机动车等，为了实施国家酸雨控制规划，在这一阶段初步建立了较为详细的电厂燃煤、锅炉燃烧的国家尺度排放源清单。

（2）第二阶段是 20 世纪 90 年代末期，国内学者开始尝试利用国家、部门及省市环境统计年鉴中公布的统计数据，估算基于省级统计水平的 SO_2、NO_x 和 PM_{10} 排放源清单。这一阶段编制的分部门、分地区排放源清单主要服务于我国大气污染物的总量控制，较少用于开展区域空气质量模拟以研究大气污染形成机理和控制对策。

（3）进入 21 世纪以后，在传统的煤烟型污染问题尚未得到有效控制的情况下，高速发展的社会经济和城市化、工业化进程又逐渐带来新的大气污染问题，其中以高 O_3 和 $PM_{2.5}$ 污染为主要特征的区域大气复合型污染形势日益严峻，大气污染控制研究得到了空前的关注，由此极大地推动了这一阶段的大气污染物排放源清单研究工作，主要表

11

现在以下方面：①排放源清单估算的污染物种类从以 SO_2 和 NO_x 为主的一次污染物扩展至以 O_3 和 $PM_{2.5}$ 等为主的二次污染物及其前体物；②排放源类别也由原来的化石燃料燃烧部门开始过渡到包含社会经济发展的各部门，如工艺过程、交通、溶剂使用、扬尘、生物质燃烧和天然源等，并逐步开发出基于技术水平和设备信息的排放源清单；③在排放源清单的研究目的和需求层面，从满足国家总量控制要求到开始进一步关注区域高分辨率排放源清单的研究，并初步尝试将排放源清单应用到区域大气污染形成机制、空气质量预报预警、控制对策研究等工作中；④针对工艺过程、扬尘等重点排放源，初步尝试开展一些本地化排放因子和污染源化学成分谱的研究工作。

（4）"十二五"期间，为了贯彻落实《大气污染防治行动计划》，全面摸清我国重点区域和城市的大气排放源状况，国家原环境保护部（以下简称"环保部"）科技标准司基于对大量科研项目研究成果的总结凝练，组织编制并于 2014 年 8 月发布了第一批共 4 项试行指导性文件，分别为《大气细颗粒物一次源排放清单编制技术指南（试行）》《大气挥发性有机物源排放清单编制技术指南（试行）》《大气氨源排放清单编制技术指南（试行）》及《大气污染源优先控制分级技术指南（试行）》，明确了细颗粒物、挥发性有机物和氨等污染物排放源清单编制工作的指导原则、技术方法、重要参数和结果应用。2014 年 12 月，环保部发布了第二批共 5 项大气污染物排放源清单编制技术指南，涉及大气可吸入颗粒物、道路机动车、非道路移动源、生物质燃烧源和扬尘等方面。连同第一批的 4 项源清单编制技术指南，初步形成了我国大气污染物源排放清单编制技术支撑体系，为各地开展相关大气污染物源排放清单编制工作提供了统一和规范的方法、工具，基本能够满足源排放清单编制需求。在此基础上，环保部于 2015 年 3 月启动排放源清单编制试点工作，将石家庄、沈阳、南京、福州、济南、武汉、长沙、广州、成都、乌鲁木齐和深圳这 11 个城市列为试点城市，编制辖区的基准年（2014 或 2013 年）排放源清单。这一工作极大地填补了长期以来我国城市级排放源清单的空白，为全面摸清不同地区的污染源排放基数和时空分布特征奠定了良好的数据基础。

3.1.2　广东省区域排放源清单研究与应用概况

广东省作为我国开展大气污染联防联控的先行先试地区，在排放源清单建立研究方面起步较早，长期以来，依托粤港空气质量改善合作和"863"计划等多个国家重大科研项目，广东省尤其是珠三角地区围绕区域主要大气排放源和大气污染物，开展了一系列的源清单建立和空气质量模拟方面的研究工作。

早在 2002 年，香港特别行政区政府与广东省政府达成共识，联合签署并发布了《关于改善珠江三角洲空气质量的联合声明（2002—2010 年）》，提出以 1997 年为基准年，力争到 2010 年珠三角和香港特别行政区的二氧化硫（SO_2）、氮氧化物（NO_x）、可吸入颗粒物（PM_{10}）和挥发性有机化合物（VOCs）排放总量相比 1997 年分别减少40%、20%、55% 和 55%。此后，粤港双方于 2003 年 12 月通过了《珠江三角洲地区空气质素管理计划》，围绕两地 4 项主要大气污染物的阶段总量减排开展了一系列的回顾评估研究，先后建立了珠三角地区 1997 年、2003 年和 2010 年排放源清单，污染源涵盖发电厂源、工业源、交通源、含 VOCs 产品源和其他排放源，覆盖地域范围为珠三角的

9 座城市和香港特别行政区。同时，考虑到粤港两地以往所采用的大气污染物排放量计算方法存在一定的差异，为了使减排结果更具有可比性和一致性，粤港双方在广泛参考美国 USEPA AP-42、欧盟 CORINAIR、联合国 IPCC 和 NUDP 等国际认可的估算方法的基础上，于 2005 年共同编订了一套适用于粤港两地的大气污染物排放清单手册，名为《珠江三角洲地区空气污染物排放清单编制手册》，为统一双方在评估污染物排放量和监测减排进度的方法奠定了良好的基础（广东省环境监测中心，2012）。

"十一五"期间，国家科技部设立了"重点城市群大气复合污染综合防治技术与集成示范（2006AA06A）""863"计划重大项目，清华大学联合北京大学、中国环境科学研究院、华南理工大学和广东省环境监测中心等多家单位承担了其中的核心课题之一——"区域大气污染源识别与动态源清单技术及应用"，围绕"污染源清单编制技术规范""污染源排放特征的测试技术规范""区域大气污染排放数据平台技术""关键污染物的来源识别技术""区域排放源清单验证与改善"和"珠江三角洲城市群多污染物动态源清单的建立"等 6 个专题开展系列研究工作，首次较为系统地开发了 2006 年珠三角区域高时空分辨率大气污染物排放源清单，涵盖 SO_2、NO_x、CO、PM_{10}、$PM_{2.5}$ 和 VOCs 6 种污染物，包含的排放源主要包括固定燃烧源、工业过程源、移动源、扬尘源、溶剂产品使用源、燃料分配储运源、天然源及其他排放源这八大类。

2010 年，第 16 届亚运会在广州举办，通常大型国际性运动会对举办地的空气质量具有较高要求，因此，亚运会期间广州市空气质量不仅要实现常规污染物浓度达标，同时还需要考虑臭氧和细颗粒物等二次污染物浓度的达标。为确保市政府和有关部门在亚运会前和亚运会期间采取的污染防治措施和极端不利气象条件下的污染控制应急措施能够使广州市空气质量达到相应要求，广州市环境保护局委托北京大学牵头，组织清华大学、中国科学院大气物理研究所、中国环境科学研究院、广东省环境监测中心、广州热带海洋气象研究所、中山大学、华南理工大学和环境保护部华南环境科学研究所联合承担《2010 年第 16 届亚运会广州空气质量保障措施研究》项目。整个项目设立了"亚运会同期空气质量及污染气象特征分析""大气污染源清单的开发和不确定性分析""空气质量模型的验证及情景分析"和"亚运会空气质量保障措施方案研究"4 个专题，通过估算建立了广州及珠三角周边城市基准年 2006 年和现状年 2008 年排放源清单，并预测 2009 年和 2010 年排放源清单，系统分析了亚运会控制情景下的各项污染源减排潜力，结合定性和定量的分析方法对排放源清单的不确定性做出了全面的评估，并利用 CMAQ 和 NAQPMS 等主流空气质量模型，模拟评估了亚运会空气质量保障措施方案的可靠性，成功确保了亚运会得以在良好的空气质量环境下顺利举行（广州市人民政府，2009）。

2011 年，第 26 届世界大学生运动会（以下简称"大运会"）在深圳举办。在借鉴广州亚运会的空气质量保障经验的基础上，深圳市采取了类似的做法，成立专门的项目组，开展大气排放源清单和空气质量保障方案制定及评估研究。深圳市政府制定了"大运会前常规方案""大运会期间临时方案"和"极端不利天气条件下应急方案"三种不同情景下的空气质量保障方案，开发了深圳市及其周边城市基准年 2007 年和现状年 2009 年的大气污染物排放源清单，并预测建立了 2011 年三种不同控制情景下的网格化排放源清单供空气质量模型模拟使用（广东省环保厅，2011）。

借助于前期多个项目的经验和应用，本地专家学者逐步在珠三角地区建立起一套高时空分辨率大气排放源清单的技术方法体系，涵盖了区域大气排放源四级分类体系、排放源清单定量表征方法、时间与空间分配系数建立方法、排放源清单不确定性分析评估验证、排放源测试与模型需求物种谱建立、排放源清单处理模型及其与空气质量模型的对接等，为推进完善区域大气排放源清单的建立奠定了系统、规范的方法基础。

2013 年 9 月，国务院颁布《大气污染防治行动计划》（国发〔2013〕37 号）（以下以简称《行动计划》），提出环保部门和气象部门要加强合作，建立重污染天气监测预警体系。其中，京津冀、长三角和珠三角三大重点区域要在 2014 年完成区域、省、市级重污染天气监测预警系统建设；其他省（自治区、直辖市）、省会城市于 2015 年年底前完成（国务院，2013）。《行动计划》要求做好重污染天气过程的趋势分析，完善会商研判机制，提高监测预警的准确度，及时发布监测预警信息。

为了落实上述《行动计划》，需要在原有珠三角数值预报系统的基础上，通过软硬件技术的不断升级，建立起广东省空气质量预报预警系统。为支持多模式集合数值预报系统的正常稳定运转，广东省环境监测中心与高校及其他科研机构合作，开始开发建立广东省主要大气污染物排放源清单，在已有珠三角排放源清单的基础上，通过不断改进并完善排放源估算方法和源分类，更新排放因子，以期持续地提高排放源清单的准确性和可靠性。考虑到区域大气复合污染形势日益加重，为了进一步提高区域空气质量模型对臭氧和细颗粒物等二次污染的模拟准确性，广东省主要大气污染物排放源清单涵盖的污染物类别扩展为 SO_2、NO_x、PM_{10}、$PM_{2.5}$、CO、VOCs、BC、OC 和 NH_3 这 9 种，涵盖的污染源类别包括化石燃料固定燃烧源、非道路移动源、道路移动源、有机溶剂使用源、扬尘源、农牧源、工业过程源、存储与运输源、生物质燃烧源、天然源及其他排放源这 11 大类。同时，基本形成了排放源清单定期更新机制，开发建立具有时间连续性的区域大气排放源清单，以不断满足珠三角和广东省空气质量预报预警业务化工作开展的要求。

3.2 区域大气排放源清单建立方法

3.2.1 污染源和污染物覆盖类别

根据环保部颁发的 9 项排放源清单编制技术指南，区域大气污染物排放源清单的污染源涵盖以下内容：化石燃料固定燃烧源、非道路移动源、道路移动源、有机溶剂使用源、扬尘源、农牧源、工业过程源、存储与运输源、生物质燃烧源、天然源及其他排放源。采用四级排放源分类体系，污染物包括 SO_2、NO_x、CO、PM_{10}、$PM_{2.5}$、BC、OC、VOCs、NH_3 共 9 种。

3.2.2 基准年和估算方式

区域大气排放源清单建立应视研究区域的实际情况，尽量选择较近年份或者具有阶段代表性（譬如每逢 5 年或者 10 年）的年份作为清单开发的基准年，并建立定期更新机制。以广东省为例，广东省大气污染物排放源清单建立基准年为 2010 年，目前，基本建立了定期更新机制，大致采用两年一更新的方式，建立的基准年包括 2010 年、2012 年和 2015 年。

排放源清单的估算方式可以分为自上而下和自下而上两大类。

（1）自上而下方式是指估算时从国家或者区域整体的排放源活动水平考虑，先计算得到国家或区域总体的污染物排放量，再按照国家或区域内所辖省市或地区的排放源活动水平特征，采用一些表征参数（如地区人口数量或企业雇员数量）来建立直接或间接的相关分配系数，从而估算得到国家或区域内所辖省市或地区的污染物排放量。自上而下方式通常用于估算面源排放清单，通过使用现有可获取的活动水平和排放数据，将类似排放源整合到一起，只需要耗费很少的资源便可得到一份总体的排放源清单，其适用条件包括以下内容：①研究区域本地排放源活动水平数据缺乏；②收集本地排放源信息的成本过高，不具有可行性；③排放源数据的最终用途并不值得耗费成本去定点收集详细的排放源信息。自上而下的估算方式存在着一个潜在问题，受相关分配系数估算的不确定性和代表性限制，最终得到的地区排放源清单在某些层面上不够精确。

（2）自下而上方式是指先估算局地排放源排放量，最终通过加和汇总得到区域或国家尺度的排放量。自下而上方式通常被用于估算点源排放清单，如果有条件开展排放源调查，获得本地面源排放信息，同样也可以采用自下而上的方式估算面源排放清单。相比自上而下，自下而上方式需要耗费更多资源和成本以收集单点排放源的详细信息，包括活动水平数据和排放因子等。因此，通常认为通过自下而上方式估算得到的清单结果比自上而下的结果更为准确。

在建立区域大气排放源清单时，估算形式以自下而上方式为主，自上而下为辅，具体须根据排放源的性质、活动水平数据的可获取性等进行选择。

3.2.3 估算方法

受排放源本身的复杂性和相关活动水平数据的可获性影响，通常需要综合使用多种估算方法进行污染物排放量估算。常用的排放源清单估算方法有排放因子法、物料衡算法、实际测量法和模型估算法等（U. S. EPA, 1999）。在建立区域排放源清单时，对于人为源的污染物排放量主要采用排放因子法和物料衡算法进行估算，对于天然源的污染物排放量则主要采用模型估算法。人为源排放清单估算方法见表 3 – 1。

表 3-1　区域大气排放源清单估算方法汇总

估算方法及公式	排放源		活动水平数据
$E = A \times EF \times (1 - \eta)$ E：企业 VOCs 排放量 A：排放源的活动水平数据 EF：VOCs 的排放因子 η：控制措施的去除效率	化石燃料固定燃烧源		环境统计数据、污染普查数据、能源消耗量
	移动源	飞机	飞机起降架次
		船舶	船舶抵离港数、引擎功率、行驶速度及时间
		机动车、其他非道路	各车型保有量、年均行驶里程、机械保有量、机械功率
	扬尘源	道路、建筑扬尘	道路等级长度、施工建筑面积
		土壤扬尘	土壤类型及面积等
	工艺过程源		产品产量、工艺信息、污染控制技术等
	储存运输源		加油站数量规模、经纬度坐标、成品油零售及批发等
	农业源		畜禽养殖种类及数量、氮肥使用量等
	生物质燃烧源		家用秸秆、薪柴消耗总量等
	废弃物处理源		垃圾处理量等
	其他排放源	人体火化	人口死亡及火化率等
		餐饮油烟	餐馆企业数、餐饮工作时间、餐饮炉灶数等
	溶剂使用源	车辆制造、家电涂层等	产品产量、污染物治理措施等
物料衡算法： $E = \sum m_i \times a_i \times (1 - \eta)$ E：企业 VOCs 排放量 m_i：有机溶剂原辅料的用量 a_i：对应的有机溶剂原辅料的 VOCs 排放系数 η：控制措施的去除效率	印刷、船舶制造、人造板制造等		油墨、涂料、胶粘剂等有机溶剂使用量、MSDS 信息等

3.3　区域排放源清单质量保证/质量控制与不确定性分析

一份完整的排放源清单在编制过程中涉及多个不同来源的海量排放源信息的筛选、整合和计算，每一个步骤的处理不当都会直接影响最终的排放源清单数据质量，做好排放源清单全过程的质量保证/质量控制（即 QA/QC）对于保障清单结果的可靠性和准确性非常必要。因此，在编制区域大气污染物排放源清单时，需实行一系列严格的质量保证/质量控制措施，并采用定性、定量等方法对最终计算结果进行不确定性分析，以保证排放源清单质量。

3.3.1　清单编制过程 QA/QC 方法与措施

在清单编制过程中，为保证清单结果质量，需要对涉及的各环节进行一般性质量检查，QA/QC 程序贯穿于清单编制的整个过程，具体分为过程审核、结果审核和输出审核三大过程，如表 3-2 所示。

表 3-2　排放源清单编制审核流程

审核流程	审核程序	审核人员	审核内容
过程审核	校核	各源清单负责人	分别对各源清单估算过程、清单结果贡献率分析、横向对比等进行分析校验
结果审核	初审	各源清单负责人	分别对各源清单活动数据、排放因子、估算方法等输入过程、编制过程进行审核
	二审	清单小组成员	各源清单负责人进行交叉检查，对数据来源、清单结果等进行审核，减少人为错误
	再审	清单编制领导小组	对整体清单结果进行审核，确保估算方法、因子选取和排放量结果的合理性
	终审	清单编制专家	研究探讨清单结果及清单编制过程中的问题，提出意见或建议
输出审核	报告输出	非清单编制人员	对整个报告中文字描述、图文图表、报告格式等进行逐字检查，确保质量

3.3.1.1　质量控制程序

质量控制（QC）程序的目的在于评价清单估算所用数据以及最终结果是否符合数据质量目标，需要遵循的主要质控程序包括以下 6 个方面。

（1）核实数据来源和获取方式的合理性、科学性和规范性，确保活动数据、排放因子及其他估算参数的筛选过程具有一致性、可靠性及本地适用性。

（2）确定参数后开始对相关数据进行录入，该过程中不仅要记录数据来源和对应的参考文献等，便于后期核查和验证，在完成初次的数据录入后，还要安排专人对数据进行反复核查，以减少人工误差。

（3）部分参数无法直接获取的，选取替代数据时要保留选取依据。利用单位换算、参数转换的数据时，要记录其可靠来源，并且归档，做到有据可依，便于后期复查，减少由于人为判断所产生的不确定性。

（4）清单建立过程中由于数据数量庞大、参数复杂等因素，容易出现操作失误，需要再反复检查和确认。确定计算公式与估算方法是否对应，活动数据与选取的排放因子是否具有一致性，计算过程是否存在人为错误等，至少安排一至两名专业人员进行核查。

（5）对清单编制过程中的各个环节可能出现的不确定性做定性分析，验证各类数据假设、推算、替代和估算以及专家判断过程是否合理和可靠。

（6）清单估算结束后，对清单结果进行反复检查和验证，并将估算涉及的所有文档记录进行备份存档，以保证数据完整性和安全性。

3.3.1.2　质量保证程序

在清单编制过程中，评估其是否遵循应有的规范流程，评判清单结果的不足之处和需要改进的地方，需要邀请未直接参与清单编制过程的人员对清单编制过程以及对后期清单总体结果进行评审，以保证清单编制质量。

在清单编制过程中和结束后，需要举办专家评审会，邀请清单编制领域内的专家，针对清单编制过程中的估算环节、估算过程中遇到的问题和困难以及清单结果，进行讨论评审。评审结束后，对于专家评审意见及时进行修正和完善，最大限度地保证清单结果的质量。

3.3.2　清单结果评价与校验

在执行以上质控质保措施的前提下，需要进一步对所编制的清单进行结果验证，运用统计分析方法，通过数据的对比来说明清单结果的可靠性和质量，具体包括以下3种校验手段。

（1）清单结果与污染物年均监测浓度对比。区域空气质量与该地区内的一次污染物排放量、气象条件以及空气中各种物质之间的化学转换机制相关。其中，虽然一次污染物排放量结果与空气监测数据中的主要污染物浓度不是呈绝对的数值关系，但是两者之间具有较大的关联性，因此，可以通过两者的变化趋势对比和相互之间的比例等来判断清单结果是否与实际情况相符。

（2）清单结果与宏观统计数据对比。清单结果与研究对象的区域经济发展具有关键联系，筛选与排放源具有密切关系的相关统计参数，如工业生产总值、能源消耗、人口、机动车保有量等，收集其历史序列数据进行趋势对比分析，从而可以验证排放源清单的合理性和可靠性。

由于相关历史信息数据对不同年份的源排放清单产生的是综合影响，因此，在进行历史检验时，也需要充分考虑参数之间的关联性。另外，由于技术进步带来了技术更新、新工艺引进、产业和能源结构调整、末端控制技术的实施和排放监管的收严等相关改变，特别是国家的一些重大污染控制政策实施的节点，往往会带来排放趋势较大的变化，甚至出现拐点。因此，需要综合考虑这些因素对污染物排放量的影响，全面判断校验。

（3）清单结果横向对比。排放源清单横向对比校验是指对比独立的排放源清单研究成果，从污染源排放量、污染源贡献率等多个方面对比分析结果的合理性。在进行区域基准年排放源清单横向对比时，通常采用的比较优先的顺序是：首先，如果目标区域内有其他研究人员针对相同基准年开发了类似的排放源清单，则优先使用该类排放源清单研究结果进行比较；其次，如没有同一基准年，但在同一研究区域，有其他邻近基准年的排放源清单研究成果，也将其作为重要比较对象；最后，如该区域缺乏相关研究，则在已建立区域排放源清单的名单中，筛选出与目标区域发展水平较为一致、产业结构相类似的同类区域排放源清单结果进行对比分析。

横向对比除了核算各排放源、污染物的排放量外，还需要分析主要排放源的贡献是否存在较大差异，明确不同清单所使用的活动数据、排放因子、估算参数等是否为差异产生的主要原因；同时，可借助单位活动水平的排放强度来判断排放源清单结果是否合理，如单位国内生产总值、单位工业产值、单位能源消耗、单位机动车行驶距离、单位产品产量下的排放强度等多种指标。如果不同研究之间具备类似结论，则表明排放源清单结果具有基本的可靠性。

3.3.3　不确定性分析方法

排放源清单不确定性分析是指通过对清单建立过程中各种不确定性来源的定性或定量分析，确定排放源清单不确定性大小或可能范围，从而识别清单不确定性的关键来源。指导清单改进与提高的手段和过程，是清单结果的重要分析评估内容。

（1）定性不确定性分析方法。排放源清单的不确定性的定性分析是通过对排放源清单编制过程中影响估算结果的可能因素进行识别，定性地评价排放源清单估算的不确定性的大小。一般情况下，要求对每个排放因子或活动水平数据的不确定性进行分析，可按照以下流程来展开：①数据收集过程中，活动水平数据的获取途径，可靠性及准确性如何？②排放因子的来源能否代表估算对象的排放特征和水平？③排放源清单的估算模型的适用性、代表性如何？相关参数数据的确定和来源是否可靠？④与其他相关排放源清单的可比性如何？

根据清单建立过程，针对每个排放源的不确定性的可能来源，包括所使用的关键参数、活动水平数据、排放因子以及估算方法等，逐一评估，对照表3-3的分级描述，设定"高""中""低"三个级别用于定性分析各个排放源的不确定性。

表3-3　排放源清单不确定性分析来源分级描述

不确定性来源	低	中	高
活动水平数据	环境统计数据、污染源普查数据或者其他部门公开统计数据、专项调查	抽样调查	其他替代数据或者折算数据
排放因子	本地实测数据或物料衡算因子	国内相近水平城市的实测因子或参考国内文献公开的排放因子	参考国外文献的排放因子

续表 3 – 3

不确定性来源	低	中	高
其他参数	实测或本地化参数（如成分比例、废气治理设施去除率、设施安装比例）	技术指南或公开文献推荐的参数	其他替代参数或者折算参数
清单估算方法	符合城市实际排放情况的估算方法（如实测法、物料衡算法）	技术指南或公开文献推荐的估算方法（排放因子法、模型法）	其他方法

（2）不确定性定量分析的方法与工具。基于以上定性分析结果，针对清单中不确定性较高的重要排放源，可进一步深入开展不确定性的定量分析工作，总体概念框架如图 3 – 1 所示。

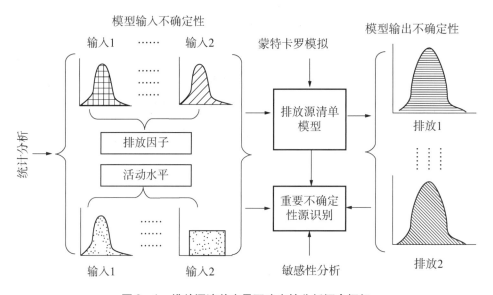

图 3 – 1　排放源清单定量不确定性分析概念框架

1）模型输入的不确定性定量分析方法——自展模拟法。排放因子、活动水平数据或其他输入参数的不确定性定量分析，可以通过概率统计分析方法或专家判断方法来进行分析。以下介绍采用基于自展模拟的统计分析方法。

自展模拟方法是一种通过自展抽样来准确分析模型输入变量不确定性置信区间范围的数值模拟方法，其基本思想是：通过对描述样本数据的拟合概率分布模型进行随机自展抽样，得到样本容量为 n（一般为样本数据的个数）的抽样样本，称为自展样本；对该自展样本进行统计分析，可以获得均值、标准差、中位数等统计量，这些统计量也称为自展复制值。通过反复进行随机自展抽样，从而得到 B 个自展样品，对 B 个自展样品的统计量（如均值、标准差、概率分布模型参数、中位数等）复制值进行统计分析，即可量化不同统计量的置信区间范围（或不确定性大小）及拟合描述这些统计量的概率分布模型，用来代表模型输入的不确定性。一般情况下，我们常用模型输入变量平均值这个统计量的置信区间或分布模型来代表模型输入产生的不确定性。

基于自展模拟的不确定性的定量分析一般包括以下 3 个步骤：①模型输入变量样本数据的概率分布模型拟合，确定代表样本数据的概率分布模型类型，以描述模型输入的可变性；②进行自展模拟，模拟样品的随机抽样过程，量化统计量的不确定性范围和大小；③对自展模拟获得的统计量自展复制样品进行统计分析，拟合代表统计量（一般使用平均值）的模型输入不确定性概率分布模型，用以描述模型输入变量的不确定性。

2）模型输出的不确定性传递量化方法——蒙特卡罗法。在清单编制过程中，排放源清单通常是由排放因子、活动水平数据等模型输入参数构成的数学模型计算得到的，将以上定量的模型输入的不确定性传递到模型输出，从而量化排放源清单的不确定性，一般采用蒙特卡罗数值分析方法。

蒙特卡罗模拟的主要思想是通过对模型输入参数的随机重复取样，从而将模型输入的不确定性传递到模型输出，以量化排放源清单的不确定性，一般分为以下 3 个步骤：①根据输入变量的概率分布类型，进行模型输入变量的随机取样，产生代表每个模型输入的随机值；②计算排放量，将步骤 1 每个模型输入的随机取样值代入相应的排放源清单模型，计算在该组取样下的排放量大小；③循环并分析排放源清单的不确定性，循环步骤 1 及步骤 2，计算出一系列的不同取样组合下的排放量大小，并对这些结果进行统计分析，从而量化排放源清单的不确定性。（郑君瑜等，2011）

3.4 区域排放源清单模式化处理

排放源清单处理系统是连接大气污染物排放清单与环境空气质量数值预报系统的核心纽带。排放源清单系统主要包括排放源清单及其时空分布等基础数据、排放源清单处理模型、大区域清单耦合模块、天然源估算模型和排放源清单多模式对接模块，它考虑了气象因素对排放源的影响，最终生成逐时、网格化、物种化的空气质量模式输入清单，为预报预警系统提供排放源清单数据。以广东省排放源清单处理系统为例，其主要组成框架如图 3-2 所示。

3.4.1 排放源基础数据

排放源清单处理系统的基础数据包括基准年大气污染物排放清单、污染物排放时空变化特征数据及污染物化学物种分配数据等。这些数据是建立区域排放源清单处理系统的重要基础。

大气污染物排放清单是指某一特定地理区域在某一时间段内大气污染物的排放量。区域排放源清单主要通过"自上而下"和"自下而上"相结合的方式，定量识别主要污染物和重点污染源，从而掌握区域大气污染特征，为空气质量预报预警、污染迁移输送机制研究及区域联防联控等后续工作奠定基础，是实现排放源清单处理系统技术的关键。

污染物排放时空变化特征数据主要用来表征污染物的排放量与时间、空间地理位置

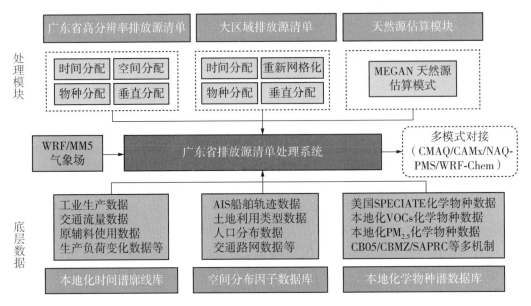

图3-2　广东省排放源清单处理系统组成框架

的关系的特征变化。时间变化特征数据通过采用实时监测数据或表征参数，将污染物排放量逐步分解成月、日及小时排放量，以反映污染物排放的月变化特征、日（周）变化特征和小时变化特征。它是清单处理模型的基本输入数据，对空气质量模型模拟起着重要作用。受不同自然环境因素和社会环境因素的影响，不同污染源的排放时间特征存在一定程度的差异，为了准确地反映区域主要大气污染源的排放时间特征，部分源可以通过直接的监测数据（如火电厂或大型企业的污染物排放在线监控数据）建立起月、日、时的时间特征谱。如不能使用直接的方法建立时间特征谱的污染源，则可以通过资料调研来获取具有代表性的表征数据。

空间变化特征数据指在空间分布上与污染源类似的地理空间数据，可通过国家统计局及地方信息统计单位获取。在已建立的区域大气污染物排放清单的基础上，对区域内各排放源的空间排放特征加以识别，同时考虑表征数据的可获取性及代表性，选取与污染源排放特征密切联系的地理空间数据，主要包括人口密度分布数据，耕地、林地、城镇、工业区等在内的土地利用分类数据，城市道路网数据，周边水域航道数据和其他特定排放源分布数据。

化学物种分配数据基于空气质量模型采用的化学机理，由污染物化学成分谱转化而来，是识别大气污染源排放特征的重要手段。由于不同污染物排放的化学组分差异会导致大气化学过程的变化特征也不尽相同，空气质量模型需要很好地识别，才能较准确地模拟出真实大气环境中污染形成与传输的过程。因此，在区域空气质量模型中，不仅需要反映不同排放源时间、空间的排放数据的变化，也需要排放源清单具备能详细反映不同污染源化学组分、满足空气质量模型模拟的信息。

3.4.2　高分辨率排放源清单处理模型

排放源清单处理模型的核心功能通常包括：时间分配处理、空间分配处理、垂直分配处理和物种分配处理。这些处理过程中采用的数据库都是来自排放源分类、排放源定量表征、排放源排放时间和空间特征及排放源化学成分谱的研究成果。以广东省排放源清单处理模块为例，其结构如图3-3所示。

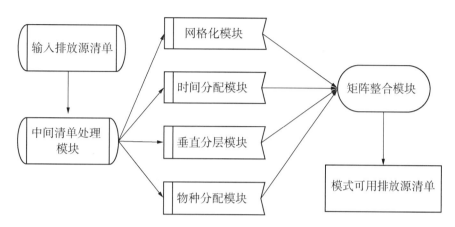

图3-3　广东省排放源清单处理模型组成结构

3.4.3　天然源排放清单估算模型

区域高分辨率人为源排放清单处理方法是基于人类活动的周期性和规律性建立起来的，其应用的基本条件是要符合一定的周期规律，否则将带来较大的误差，影响空气质量预报预警结果。

天然源VOCs排放与气象条件息息相关。研究表明，耦合天然源排放清单有助于提升空气质量模拟的准确性，特别是提升臭氧的模拟能力。以广东省为例，其地处亚热带地区，植被丰富，天然源排放是广东省大气VOCs的重要来源，其对空气质量预报预警数值模拟有重要意义（Wei等，2007）。常见的天然源估算模型包括MEGAN和BEIS。其中，MEGAN模型已被成功地进行耦合，用于多个区域空气质量模型和全球空气质量模型中，实现天然源排放的在线估算，并取得了良好的效果。为保障空气质量模拟（特别是光化学烟雾研究、气溶胶和灰霾天气模拟等）的效果，区域排放源清单处理系统可以采用MEGAN作为天然源排放清单估算模式，与中尺度气象模式WRF对接，实现天然源排放的在线估算。（Guenther等，2012）

3.4.4　多模式空气质量预报预警系统排放清单对接模块

广东省空气质量预报预警系统由NAQPMS、CMAQ、CAMx和WRF-Chem四种空气质量模式组成。多模式排放清单对接模块是为了满足多种空气质量模式对排放清单的格式、化学物种要求，将广东省排放源清单处理模块的输出清单转换为满足NAQPMS、CMAQ、CAMx和WRF-Chem空气质量模式需求的排放清单。其多模式排放清单对接模块流程见图3-4。

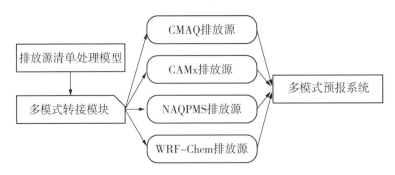

图3-4　多模式排放源清单对接模块流程

3.5　排放源清单管理与动态更新

随着社会经济的发展、产业结构的调整与升级以及统计工作与科学研究的进一步发展，污染源的活动水平统计数据、污染物排放因子、时空和物种分配等信息都处于不断更新和完善的状态中。及时地更新大气污染物排放清单，对于提高空气质量预报的准确性、科学引导污染预警联动工作以及区域污染控制决策具有重要意义。

广东省排放源清单管理与动态更新系统对接排放源清单处理系统，可以通过可视化界面管理排放源清单、创建污染物控制情景、实现预报系统排放源清单动态更新等。系统的主要组成如图3-5所示。

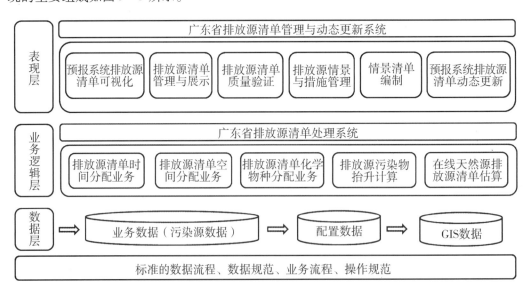

图3-5　广东省排放源清单管理与动态更新系统主要组成

3.5.1　排放源清单更新

排放源清单的更新工作包括局部更新和基准年清单更新，更新的数据类型一般包括污染物排放量、时空分布数据及化学物种分配数据等。排放源清单局部更新是指针对基准年排放清单进行局部修正，经排放源清单处理模型处理后进行质量控制和验证，导入到预报业务系统中。基准年清单更新与排放源清单建立类似，是在原清单的基础上对目标区域的排放活动水平数据、污染物排放因子、污染物类型和估算方法进行研究，形成更新后的完整排放清单，经排放源清单处理模型处理后进行质量控制和验证，最后导入到模拟与预报业务系统中。

3.5.2 排放源清单可视化

排放源清单可视化是指对排放源清单处理业务系统的输出清单（即预报模式输入清单）进行可视化处理，以更加直观清晰地展现各行业污染物排放的时空变化，为预报员诊断空气质量预报结果提供数据支持。排放清单可视化主要包括实时空间分布图、排放行业贡献率统计图、污染物排放量变化趋势图和污染物排放量实时统计图等。（见图3-6）

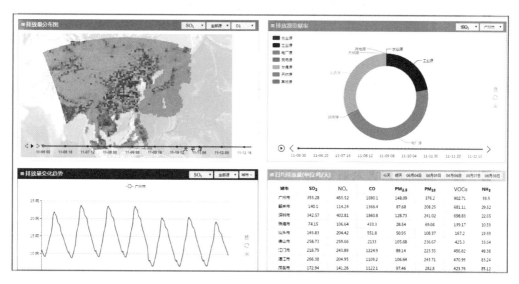

图3-6 排放源清单可视化

3.5.3 污染源控制与应急情景评估

3.5.3.1 自定义污染源控制措施

自定义污染源控制措施是指可根据需求对指定的污染源自定义控制力度（削减系数），控制措施按照污染源类别可分为企业点源控制措施和污染面源控制措施。污染源控制措施可根据需求自定义组合，在排放源清单管理与动态更新系统中形成污染源排放情景方案或应急预案。

（1）点源控制措施。系统收录了广东省2012年和2014年超过13 000个排放点源的排放数据，可对任意排放点源各污染物（SO_2、NO_x、CO、PM_{10}、$PM_{2.5}$、VOCs和NH_3）定义削减系数。

（2）面源控制措施。系统以城市污染物排放清单编制指南的排放源分类体系为基础，可对体系内的污染源类别定义削减系数。

3.5.3.2　减排分析

污染源排放情景方案减排潜力分析以目标基准年排放清单为基础，分析执行控制措施后的污染源预期减排量，同时形成对应的污染源排放情景清单。（见图 3-7）

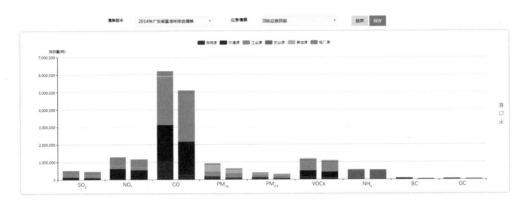

图 3-7　污染源情景方案减排分析示例

3.5.3.3　应急情景效果评估

污染源排放情景方案应急评估分析采用基于污染物来源解析结果的快速评估模型，快速评估污染源排放情景方案对空气质量的改善效果，评价的空气质量指标包括 AQI 和六项常规污染物指标（$PM_{2.5}$、O_3、PM_{10}、CO、NO_2 和 SO_2）。图 3-8 为基准情景与应急减排情景下的 $PM_{2.5}$ 区域污染快速评估效果图片。

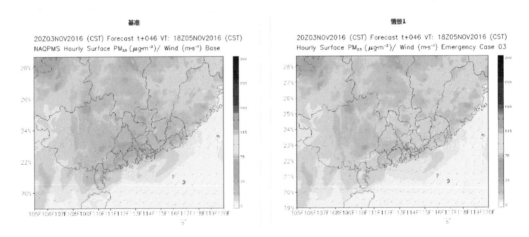

图 3-8　污染源应急评估效果（$PM_{2.5}$）

参考文献

［1］广东省环境保护厅. 关于印发 2011 年第 26 届世界大学生夏季运动会空气质量保障联防联控措施方案的通知［2011］［A/OL］.（2011-3-20）［2011-04-25］. http：//www. pkulaw. cn/fulltext_form. aspx？gid = 17273007.

［2］广东省环境监测中心. 珠江三角洲地区空气质素管理计划（2002—2010 年）评估

报告 ［R］，2012.

［3］广州市人民政府. 关于印发 2010 年第 16 届广州亚运会空气质量保障方案的通知（2009） ［A/OL］.（2009 – 12 – 16）［2016 – 03 – 21］. http://www. gz. gov. cn/gzgov/s2812/200912/163197. shtml.

［4］国务院. 关于印发大气污染防治行动计划的通知：国发〔2013〕37 号 ［A/OL］.（2013 – 09 – 12）［2016 – 04 – 10］. http://news. xinhuanet. com/politics/2013 – 09/12/c_125373775. htm.

［5］香港特别行政区政府. 改善珠江三角洲地区空气质素的联合声明 ［N/OL］.（2002 – 04 – 29）［2016 – 02 – 15］. 新闻公报，http://www. info. gov. hk/gia/general/200204/29/0429129. htm.

［6］郑君瑜，王水胜，黄志炯，等. 区域高分辨率大气排放源清单建立的技术方法与应用 ［M］. 北京：科学出版社，2014.

［7］郑君瑜，王水胜，余宇帆，等. 排放源清单不确定性分析方法指南 ［R］. 广州：华南理工大学，2011.

［8］Guenther A, Jiang X, Heald C, et al. The Model of Emissions of Gases and Aerosols from Nature version 2. 1（MEGAN2. 1）：an extended and updated framework for modeling biogenic emissions ［J］. Geoscientific Model Delvelopment, 2012（5）：1471 – 1492.

［9］United States Environmental Protection Agency（U. S. EPA）. Handbook for Criteria Pollutant Inventory Development：A Beginner's Guide for Point and Area Sources ［A/OL］.（1999 – 09 – 01）［2016 – 04 – 25］.

［10］Wei X L, Li Y S, Lam K S, et al. Impact of biogenic VOC emissions on a tropical cyclone-related ozone episode in the Pearl River Delta region, China ［J］. Atmospheric Environment, 2007（41）：7851 – 7864.

第4章　区域空气质量多模式集合数值预报系统集成

一套集成多模式预报模块、污染来源解析模块和污染资料准实时同化模块的空气质量多模式集合预报系统，是高精度区域空气质量预报系统的核心组成部分之一，本章将详细介绍其构成与研发过程。

4.1　数值预报模型的发展历程

使用数值模拟一方面有助于全面了解区域污染概况，深入研究污染的产生、发展过程及影响因素；另一方面节约了大量的时间和人力成本。此外，数值模拟是对目前有限的观测与烟雾箱模拟研究的重要补充。

利用数学的方法，综合考虑各种过程和影响因素，定量描述污染物在大气中的迁移、转化规律的模式通常称为空气质量模式（或模型）（Seinfeld，1988；唐孝炎等，2006）。早期的模式以局地烟流扩散模式、盒子模式和拉格朗日轨迹模式为主（Holmes和 Morawska，2006）。但是，基于扩散的模式一般对化学反应考虑得相对简单，不适用于二次污染物的研究；盒子模式虽然考虑了较复杂的化学反应，但较少考虑污染物的空间差异及传输扩散因素，仅适用于局地研究。空气质量数值模拟研究始于20世纪60年代，而70年代末随着各种大气物理化学过程研究的深入，空气质量模型开始向精细化方向发展，逐步发展了以欧拉网格模型为主的空气质量模型（Seinfeld，1988）。90年代起，美国环保局开始致力于开发综合的第三代空气质量模拟系统，并提出了"一个大气"的概念（Byun 和 Ching，1999）。如今，全球尺度的耦合大气污染与气候变化的模型也有了很大的发展与较多的应用，美国环保署也正在开发耦合大气圈、水圈、土壤圈、生态等的模拟系统。

三维空气质量模型是研究区域大气污染问题的重要工具，模型将影响大气污染物浓度的主要物理化学过程考虑在内。大部分的三维空气质量模型是基于以下连续性方程对污染物进行模拟的：

$$\frac{\partial c_l}{\partial t} = -\nabla_H \cdot V_H \cdot c_l + \left[\frac{\partial(c_l\eta)}{\partial z} - c_l\frac{\partial}{\partial z}\left(\frac{\partial h}{\partial t}\right)\right] + \nabla\rho K\nabla(c_l/\rho) + \frac{\partial c_l}{\partial t}\bigg|_{emission} + \frac{\partial c_l}{\partial t}\bigg|_{chemistry} + \frac{\partial c_l}{\partial t}\bigg|_{removal}$$

其中，c_l 是物种 l 的浓度，V_H 是水平风速，η 是垂直摄取系数，h 是层高，ρ 是空气密度，K 是扩散系；等号右面各项依次表示水平平流、垂直输送、湍流扩散以及排放、化学反应和去除过程对浓度的影响。

三维空气质量模型主要包括空气动力学系统、云化学与动力学模块、气相化学模块、气溶胶模块、栅格烟羽模块、控制方程与计算结构、数值传输算法等（Byun 和 Ching，1999），在光化学机理方面，有多个化学机理可供选择（如 CB 及 SAPRC）。三维空气质量模型依赖于其他源处理模型（如 SMOKE 等）及气象模型（如 MM5、WRF 等）的输出，因此，源排放及气象资料需要经过网格化前处理后才能作为三维模型的输入。

目前，常用的三维空气质量模型有美国的城市气域模型 UAM、带扩展模块的综合空气质量模型 CAMx（沈劲等，2011）、公共多尺度模式系统 Models-3 CMAQ（Touma 等，2006）、德国的 EURAD（Hass、Jakobs 和 Memmesheimer，1995）、法国的 CHIMERE（Schmidt 等，2001）、芬兰的 SILAM、英国的"Your Air"系统和 NAME（Malcolm 等，2000；Redington 和 Derwent，2002）、西班牙的 EOAQF、瑞典的 MAQS、荷兰的 LOTOS-EUROS（Vautard 等，2007；Kukkonen 等，2009）、丹麦的 DREAM（Brandt 等，1996；Brandt 等，1998；Brandt 等，2000）、中国科学院大气物理研究所的嵌套网格空气质量预报模式系统 NAQPMS（王自发等，2006）和 RegADM（王体健等，1996）等。

在美国，UAM 曾是美国环保署（EPA）推荐使用的空气质量模型，但近年来 UAM 已逐渐在推荐名单中消失，取而代之的是 CMAQ；同时，美国 ENVIRON 公司开发的 CAMx 在美国多个州都有广泛的应用，在美国的一些州（如加利福尼亚州、得克萨斯州等）被用作法规模式。CMAQ 与 CAMx 目前已成为美国乃至全球主流的空气质量网格模型。另外，美国的 WRF-Chem 与中国科学院大气物理研究所自主研发的 NAQPMS 在中国也使用较广泛。

NAQPMS 模式是中国科学院大气物理研究所自主研发的区域-城市空气质量模式系统，代表现今国内空气质量模式发展的水平，是国家"十五"科技攻关项目选定的区域示范模型之一。NAQPMS 模式成功实现多尺度、多过程的数值模拟，可同时模拟计算出多个尺度的空气质量，在各个时步对各计算区域边界进行数据交换，实现多尺度的双向嵌套（Ge 等，2014）。NAQPMS 模式包括平流扩散模块、气溶胶模块、干湿沉降模块、大气化学反应模块等物理化学模块，耦合液相化学机制及一维诊断云模式，干沉降方案，湿沉降方案，颗粒分谱方案（研究各相态污染物种主要物理化学过程）等，其中，化学反应机制有 CBMZ 和 CB4 均可供选择；同时，模式系统的并行计算和理化过程的模块化，使得运算效率较高，有效地保证了 NAQPMS 模式的在线实时模拟的高速运行。

CMAQ 模式主要由边界条件模块（BCON）、初始条件模块（ICON）、光解速率模块（JPROC）、气相化学预处理模块（MCIP）和化学传输模块（CCTM）构成（刘宁，2012）。CCTM 是 CMAQ 的核心，污染物在大气中的扩散和输送过程、气相化学过程、气溶胶化学过程、液相化学过程、云化学过程以及动力学过程均由其完成，其他模块的主要功能是为其提供输入数据和相关参数。CCTM 可输出多种气态污染物、气溶胶组分的逐时浓度、逐时的能见度和干湿沉降数据。

CAMx 模式是美国 ENVIRON 公司在 UAM-V 模式基础上发展的综合空气质量模式，它将"科学级"的空气质量模式所需要的所有技术特征合成为单一系统，用来对气态和颗粒物态的大气污染物在城市和区域多种尺度上进行综合性的模拟。CAMx 除了具有第三代空气质量模式的典型特征之外，最显著的特征还包括双向嵌套以及弹性嵌套、网格烟羽模块、臭氧源解析技术、颗粒物源解析技术、臭氧和其他污染物源灵敏性的直接分裂算法等（刘峰等，2007）。

WRF-Chem 模式是由 NOAA、NCAR 等单位共同完成的"在线（online）"区域化学/传输模式，包含了详细的大气物理和化学过程处理方案，其化学部分和物理部分为在线耦合，使用相同的模式网格、平流、对流和扩散方案以及大气物理过程方案。在线耦合技术的使用避免了对风速、边界层参数、水成物、降水等气象场进行时间插值，减少了在离线技术中时间尺度小于气象模式输出间隔的大气过程的信息丢失的问题，而这些丢失的信息对高分辨率空气质量模拟非常重要（Chapman 等，2009）。

4.2　数值预报模型的软硬件支撑

数值预报模型需要专业且功能强大的软硬件资源进行支撑。数值分析预报系统是空气质量预报业务系统的核心，它需要超大量的计算资源和存储空间，以排放源清单空间化和气象预报数据为基础，通过三维空气质量模型计算出未来一段时间内大气中各种污染物的浓度，结合后处理和业务处理流程，生产各种预报产品和预报分析产品。

4.2.1　硬件配置

为了支撑数值预报模型软件运行，一般需要配套使用高性能计算系统。高性能计算系统采用传统的集群结构，其总体结构如图 4－1 所示。

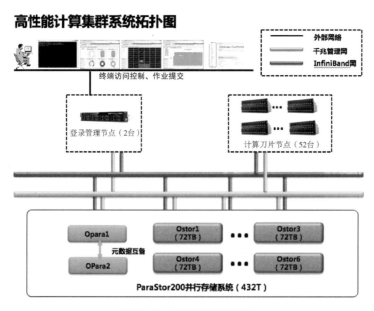

图 4－1　高性能计算系统

从图 4－1 可以看出，高性能计算机系统主要包含计算系统、网络系统、存储系统和管理登录系统等组成部分。以广东省数值预报系统所使用的高性能计算系统为例，各组成部分具体参数如下。

计算系统：包含 52 台高密度刀片式服务器。每个计算刀片节点配置两颗 Intel E5－2680v3 2.5 GHz 十二核处理器（共 24 核）、128 GB 内存，总双精度浮点计算能力达到49.92 万亿次（Tflops）。

存储系统：配置高性能和可扩展的并行存储系统。配置 2 台互为备份的元数据服务器和 6 台数据服务器（每台数据服务器配置 24 块 3 TB 硬盘），裸容量达到 432 TB。存储系统配置数据安全策略，避免单节点、单磁盘故障，提高稳定性。

集群管理登录系统：采用集群监控管理和作业调度软件，配置 2 个互为备份的管理登录节点，关键服务实现双机冗余。

网络系统：系统配置千兆管理网络和 56 Gbps FDR Infiniband 计算网络两套网络。千兆管理网络主要用于集群管理工作（如命令分发等）；高速 FDR Infiniband 则有两个用途，一是作为模式运行过程中进程之间通信网络，二是作为并行存储系统数据访问网络。

除以上高性能计算集群核心设备外，还配置保障高性能计算机集群稳定运行的重要辅助设备（如机柜、空调设备等机房基础设备）和用于部署展示交互系统的应用服务器。

4.2.2　软件配置

一套完整的高性能计算集群系统除包含硬件设备外，还必须在硬件服务器上进行相应的配置，使所有硬件服务器形成一个整体，高效发挥其作用。此外，还需要安装一些基础软件，供上层应用软件（如气象、空气质量预报软件）使用。

高性能计算集群软件配置包括：计算节点关闭超线程；节点操作系统版本为 Red Hat Enterprise Linux Server release 6.6，64 位操作系统；配置/etc/hosts，使得可通过 ssh{hostname} 访问节点；关闭各服务器操作系统 SELINUX 服务；关闭各服务器操作系统iptables 服务；配置各服务器 SSH/RSH 无密码访问；配置 Host Key Checking 为 no；配置集群时间同步，即管理节点配置 NTP 服务，集群内所有节点向管理节点同步时间；集群内所有节点挂载并行存储系统，达到软件、数据共享作用；管理节点配置 Internet 访问环境，以下载外部数据，进而接入系统。

当前，高性能计算集群上安装的基础软件有 zlib、jasper、png、netcdf 3.6.3、mpich2.1.4 和 grads 2.0.a8。

4.3　多模式集合数值预报模型架构

4.3.1　数值预报系统构成

区域空气质量数值预报系统由多模式预报模块、污染来源解析模块和污染资料准实时同化模块构成。污染资料准实时同化模块为多模式预报模块提供更为精准的初始场，多模式预报模块利用多个数值模式共同预报未来几天区域环境空气质量，而污染来源解析模块则对预报的环境空气质量进行解析，识别未来几天的大气污染来源。三者互为补充，共同服务于环境空气质量预报工作。数值预报系统架构见图4-2。

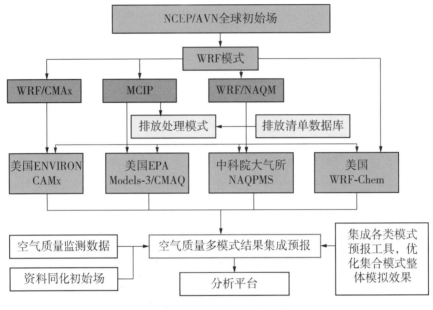

图4-2　数值预报系统架构

4.3.2　多模式数值预报模块

选用中尺度气象模式 WRF 为多模式预报模块提供气象场驱动，基于排放源处理模型制作广东省三维网格化大气排放源清单，选用中国科学院大气物理研究所的 NAQPMS 模式、美国环保署的 Models-3/CMAQ 模式、美国 ENVIRON 公司的 CAMx 模式和美国国家大气和海洋局（NOAA）的 WRF-Chem 模式进行空气质量预报。

（1）NAQPMS 模式。嵌套网格空气质量模式系统（NAQPMS）的设计是以我国当前计算硬件条件和业务水平为出发点，结合我国城市群大气复合污染的排放、输送、演变特点，综合评估多个有代表性的数值模式（王自发等，2014）。通过各种分析筛选出合理反映中国区域大气复合污染特征、充分考虑多尺度相互作用和复杂排放源状况的模式表征，设计出规范的区域空气质量模式及评估框架，确保所发展的技术及其软件程序代码具有国际水准的可靠度，同时兼容国内主要硬件平台。

NAQPMS 模式是以具有显著环境和气候效应的大气成分为主要研究对象的区域和城市尺度三维欧拉空气质量数值模式。该系统可模拟臭氧、氮氧化物、二氧化硫、一氧化碳等大气痕量气体以及沙尘、含碳气溶胶等大气气溶胶成分。NAQPMS 主要由气象处理、排放源处理、空气质量模式及模式输出这四个部分构成，其具体结构如图4-3所示。

NAQPMS 采用开放式气象驱动场，可利用 MM5、WRF 等中尺度气象模式输出的气象要素场作为模式的动力驱动，而中尺度气象模式预报所需的初始条件和边界条件可由

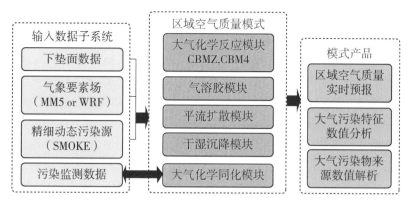

图 4-3　NAQPMS 模式框架

美国国家环境预报中心的 NCEP/NCAR 再分析数据和欧洲中期天气预报中心的 ECMWF 数据等全球数据提供。结合 SMOKE 模型实时输出的排放源，NAQPMS 可以对大气中主要化学成分的分布状况、输送态势、沉降特征进行数值模拟，从而使得模式系统能够合理反映大气化学成分在输送过程中的物理化学特性变化。

　　NAQPMS 模式中考虑了平流、扩散、气相化学、气溶胶化学、干沉降和湿沉降等核心过程，同时耦合了大气化学资料同化模块和污染源识别与追踪模块。平流输送模块结合模式网格空间结构守恒的特点并采用通量输送守恒算法，涡旋湍流扩散模块则根据边界层层结特性引入了能够反映下垫面特征的扩散算子。气相化学模块提供了 CBM-Z 和 CBM-IV 两种气相化学反应机制。干沉降过程采用基于空气动力学原理的沉降速度阻抗系数算法，考虑了分子扩散、湍流混合、重力沉降过程对沉降速度的影响与贡献。湿沉降过程除考虑传统的降水清除作用外，还计算了粒子吸湿增长过程造成的重力拖曳效应。

　　当前，我国的空气污染表现出复合性和区域性特征。以细颗粒物和臭氧为代表的二次污染物成为影响区域、城市空气质量的主要因素。与一次污染物不同，二次污染物涉及复杂的化学转化，如何在空气质量模式中合理表征二次污染物的各种转化过程，提高二次污染物的模拟准确性，对模式的发展和改进是一个重要的挑战。为提高 NAQPMS 模式对细颗粒物和臭氧的模拟能力，近年来，国内外学者对 NAQPMS 模式做了多方面的改进，包括耦合气溶胶热力化学平衡模式 ISORROPIA、研发二次有机气溶胶（SOA）模块、耦合起沙模块、耦合紫外辐射传输模式和研发非均相化学模块等。

　　NAQPMS 模式在国家大型活动（如北京奥运会、上海世界博览会、广州亚运会等）空气质量保障方案制定中发挥了重要作用。例如，人们基于 NAQPMS 模式研究了 2008 年北京夏季奥运会时段北京周边地区对北京有影响的污染物种类、污染贡献率和影响频次，阐明了影响北京市夏季空气质量的重点地区和重点源，为国务院批复的北京和周边地区奥运空气质量保障方案提供了重要的科学支撑。

　　（2）CMAQ 模式。Model-3/CMAQ 系统是美国环保署开发的第三代空气质量模式，以"一个大气"为设计理念，拟将所有的大气问题均考虑进模式之中。Model-3 模式系统由中尺度气象模式、排放模式以及通用多尺度模式（CMAQ）三大模块组成，中尺度模式为与 CMAQ 相容的 MM5 和 WRF，SMOKE 和 CONCEPT 等排放模式提供污染源的排放清单，估算污染源位置和产生量随时间的变化（张稳定，2013）；CMAQ 为空气质量系统的核心部分，设计为多重网格嵌套模式，可以模拟多种污染物的输送和转化过程（Binkowski 和 Roselle，2003）。CMAQ 的主要技术流程见图 4 - 4，首先用中尺度气象模式提供气象背景场，然后，使用气象化学数据转化接口 MCIP 将输出的气象场提供给排放源模式 SMOKE，SMOKE 再将源清单处理成 CMAQ 适用的逐时网格排放数据，最后气象场和排放数据共同用于化学模式 CMAQ 的模拟。ICON 和 BCON 分别向 CMAQ 提供化学物种的初始条件和边界条件；JPROC 模块提供不同高度、纬度和时角的光解率；CCTM 是 CMAQ 的核心模块，用于对主要的大气化学过程、输送和干湿沉降过程的模拟。

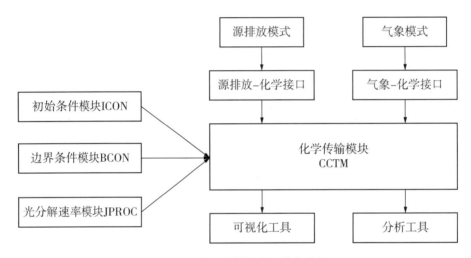

图 4 - 4　CMAQ 模拟主要技术流程

　　CMAQ 综合考虑了不同物种相互之间的影响和转化，可有效地进行各种大气污染物浓度的预测和空气质量控制策略的全面评估。该模式采用多重网格双向嵌套，主要考虑的物理化学过程有：气相化学过程、平流和扩散过程、云混合和液相化学反应过程、气溶胶过程、烟羽过程。（张稳定，2013）

　　（3）CAMx 模式。CAMx 模式是美国 ENVIRON 公司在 UAM-V 模式基础上开发的大气化学传输欧拉型数值模式，适用于城市到洲际尺度的多种气相与颗粒相的污染物的模拟，它以 MM5、RAMS 等中尺度模式提供的气象场作为驱动，SMOKE、EPS3 等提供排放源，模拟大气污染物的平流、扩散、沉降和化学反应过程（Yarwood 等，2004）。

　　CAMx 模式包含 5 种化学反应机理，提供两种平流格式（Bott 格式和 PPM 格式），水平扩散系数计算采用 Smagorinsky 的方案，并用显式中心差分法来处理水平扩散过程。垂直的对流和扩散均采用 Crank-Nicholson 方法求解。气相化学机理采用改进的 CBM2 IV 机理，用 ENVIRON CMC 解法求解。干沉降作为垂直扩散的下边界条件来进行处理，湿沉降对气相、颗粒污染物在云中和云下的清除分别采用相应的模型进行处理。CAMx 采用多重嵌套网格技术，可以很方便地模拟从城市尺度到区域尺度的大气污染过程（Tan-aka 等，2003）。

（4）WRF-Chem 模式。WRF-Chem 模式是由美国国家大气研究中心（NCAR）、美国国家海洋和大气管理局（NOAA）等研究机构及一些大学的科学家们共同参与研发的新一代中尺度模式系统，该系统能够方便、高效地在并行计算的平台上运行，可应用于几百米到几千公里尺度范围，应用领域广泛。大多数空气质量模型都会考虑传输、沉降、排放、化学变化、气溶胶作用、光解和辐射等物理和化学过程，但一般与气象模块分开处理。WRF-Chem 最大的特点在于与气象模式完全"耦合"（即"在线"），化学模块与其他各模块使用同一传输方案、同一格点、同一物理过程以及同一时间步长，不进行空间插值。这样可以避免物理量在不同模式系统间转换而产生的误差。WRF-Chem 模式考虑输送（包括平流、扩散和对流过程）、干湿沉降、气相化学、气溶胶形成、辐射和也解、生物所产生的放射、气溶胶参数化等过程，其中包括 36 个化学物种和 158 类化学反应，气溶胶模块中含有 34 个变量，包括一次和二次粒子（有机碳、无机碳和黑碳等）。在粗粒子设计方案中有 3 类：人为源粒子、海洋粒子和土壤尘粒子。该模式已被用于研究城市复合型污染特征、气溶胶粒子、臭氧及其前体反应物（NO_x、VOCs 等）之间的化学反应机制等（Barnard 等，2003）。WRF-Chem 模式的流程见图 4－5。

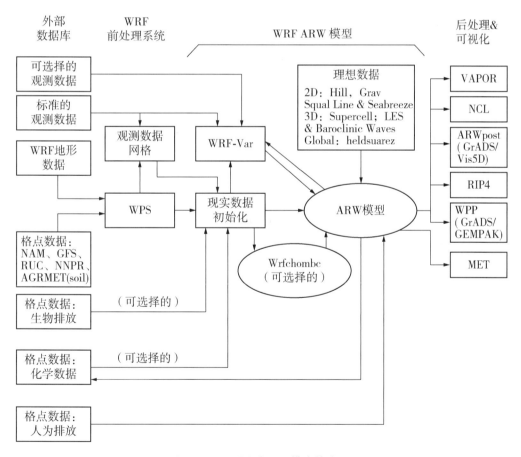

图 4－5 WRF-Chem 模式的流程

（5）集合预报模式。为提高单个模型的参考价值，集合预报可以综合多个模型的结果，该技术主要基于复杂的三维环境空气质量数值模式，考虑模式在输入数据、理化参数和数值计算上的不确定性，构建产生多个具有差异的预报样本，利用多元回归、权重因子和神经网络等数学方法产生最优确定性预报结果，并且可同时提供污染发生概率预报，为环境空气质量预报预警和污染控制决策支持提供更为丰富的预报信息。对于空气质量预报来说，排放源、气象场等输入数据的不确定性对空气质量预报具有非常重要的影响，将其不确定性考虑进来能大大提高集合预报的性能。

4.3.3　污染资料准实时同化模块

由于我国大气污染相关基础数据相对薄弱，模式输入数据（初始场、排放源、气象场、下垫面资料等）是模式不确定性的重要来源，研究表明，模式输入数据的不确定性可以改变甚至消除控制策略的有效性。因此，减小空气质量模式初始场的不确定性被认为是提高大气污染预报能力的关键。资料同化能将观测和模式信息融合起来，从而减小模式输入场和参数的误差，被认为是提高预报能力的关键技术方法之一。大气化学资料同化模块的框架见图 4-6。

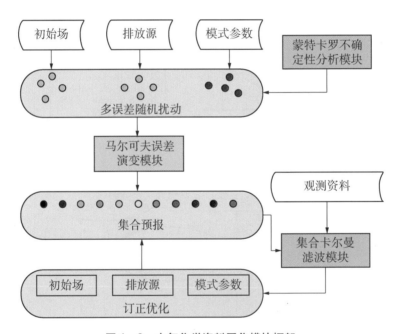

图 4-6　大气化学资料同化模块框架

污染资料准实时同化模块由以下 4 个部分构成。

（1）集合预报：主要是通过空气质量模式集合预报，为同化提供集合预报样本。需要的输入数据包括气象预报数据、排放源数据、集合预报数据和初始浓度场。

（2）同化数据输出：存放同化观测资料后，更新模式的初始浓度场、排放源等数据。这些数据将被同化后重启的集合预报系统直接调用。

（3）观测数据处理：存放同化所用的原始数据观测资料和质量控制后的数据以及

集合同化分析模块所用的临时观测数据。

（4）同化分析：基于集合预报结果和观测数据，获取再分析数据和订正模式的关键参数。

4.3.4 污染来源解析模块

污染来源解析功能依托于 NAQPMS 模式源解析模块来实现，通过识别大气污染来源和污染贡献，以示踪的方式获取有关污染物及前体物生成（或排放）和消耗的信息，并统计不同地区、不同种类的污染源排放以及初始条件和边界条件对污染物生成的贡献，评判区域污染物的跨界输送及不同地区和城市对污染的贡献，为管理部门建立极端污染天气条件下的应急预案和响应机制、及时采取控制措施提供参考建议，如控制大型污染源排放、进行交通管制等，从而为环保及管理部门核实污染减排效果、应对污染天气和区域大气污染联防联控提供技术支持（沈劲等，2017）。污染来源解析原理见图 4-7。

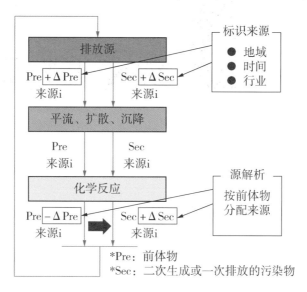

图 4-7 污染来源解析原理示意图

4.4 数值预报模型主要参数与设置

4.4.1 预报区域设置

为保证预报结果的可参考性和可对比性，各种空气质量预报数值模式均采用相同的模拟区域嵌套网格设置。广东省空气质量数值预报系统的模拟区域设置了四重嵌套网格：第一区域为东亚区域，水平分辨率为 81 千米；第二区域为中国华南区域，水平分辨率为 27 千米；第三区域为广东省及其周边区域，水平分辨率为 9 千米；第四区域为广东省区域，水平分辨率为 3 千米。模式计算垂直范围从地面到 20 千米高度，垂直分层 20 层。

4.4.2 源解析地理标识设置

为了厘清广东省大气污染物的来源，模式系统将源解析地理标识设置为 29 个，分别为广州市、佛山市、东莞市、深圳市、中山市、珠海市、江门市、惠州市、肇庆市、清远市、韶关市、潮州市、汕头市、揭阳市、汕尾市、河源市、梅州市、云浮市、阳江市、茂名市和湛江市这 21 个地级市，中国香港特别行政区、福建省、江西省、湖南省、广西壮族自治区和海南省这 6 个相邻省市，海洋以及模拟区域内其他陆地，详见图 4 - 8 与表 4 - 1。

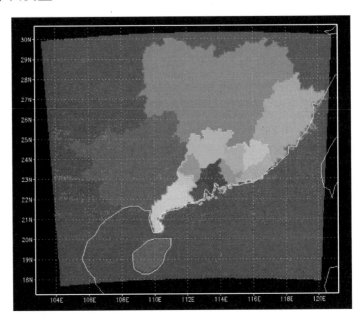

图 4 - 8 源解析地理标识示意图

表 4 - 1 源解析地理标识列表

ID	城市地区	备注
1	广州市	广州市
2	佛山市	佛山市，包括顺德区
3	东莞市	东莞市
4	深圳市	深圳市
5	中山市	中山市
6	珠海市	珠海、澳门
7	江门市	江门市
8	惠州市	惠州市
9	肇庆市	肇庆市
10	清远市	清远市
11	韶关市	韶关市
12	潮州市	潮州市
13	汕头市	汕头市
14	揭阳市	揭阳市
15	汕尾市	汕尾市

续表 4 - 1

ID	城市地区	备注
16	河源市	河源市
17	梅州市	梅州市
18	云浮市	云浮市
19	阳江市	阳江市
20	茂名市	茂名市
21	湛江市	湛江市
22	中国香港特别行政区	中国香港特别行政区
23	福建省	福建省
24	江西省	江西省
25	湖南省	湖南省
26	广西壮族自治区	广西壮族自治区
27	海南省	海南省
28	海洋	海洋
29	其他	中国台湾地区及模拟区域内其他陆地地区

4.4.3　模式方案设置

4.4.3.1　预报时间设置

模式以前一日北京时间 20 时为起点，计算未来 168 小时的气象场和污染物浓度场，以实现未来 24 小时、48 小时、72 小时可用的区域空气质量预报，以及未来 4～6 天可供参考的区域污染趋势预测，预报输出结果的时间分辨率为 1 小时。

4.4.3.2　气象模式方案设置

空气质量模式的气象驱动场由美国环境预测中心（NCEP）、美国国家大气研究中心（NCAR）等科研机构及大学联合开发的新一代中尺度气象模式 WRF（Weather Research and Forecast）提供。WRF 能够方便、高效地在并行计算的平台上运行，可应用于几百米到几千公里尺度范围，应用领域广泛，包括理想化的动力学研究（如大涡模拟、对流、斜压波）、参数化研究、数据同化、业务天气预报、实时数值天气预报、模型耦合和教学等。

采用 NCEP 的数值天气预报中心 GFS 数据集全球预报分析资料作为 WRF 模式运行的初始及边界条件，WRF 模式每个物理过程均有多个可选方案，根据前期研究对不同参数化方案模拟预报效果的对比分析，本研究选择采用主要物理过程参数化方案（见表 4 - 2）。

表 4 - 2 物理过程参数化方案

模式物理过程	参数化方案选取
行星边界层	YSU 方案
近地层	MM5 similarity 方案
城市冠层	单层三类城市冠层方案
陆面过程	Noah 方案
云微物理	Lin 方案
积云对流	Grell 3D 方案
长波辐射	RRTM 方案
短波辐射	Goddard 短波辐射方案
数据同化	FDDA + SFDDA

4.4.3.3 空气质量模式方案设置

CMAQ 模式平流输送采用 Bott 方案,干沉降采用 RADM 模型加 Pleim-Xiu 陆面模型,湿沉降考虑痕量气体与冷凝水混合的物理化学过程,气相化学采用 CB05 机制,液相化学采用基于 RADM 的酸沉降模型,气溶胶化学考虑不同模态粒径气溶胶生成云凝结核过程。

CAMx 模式平流输送采用 Bott 方案,干沉降采用 Wesely 阻力模型,湿沉降考虑洗脱过程,气相化学采用 CB4 机制,液相化学采用基于 RADM 的酸沉降模型,气溶胶化学考虑有机物 2 次形成颗粒物、气溶胶生成、扩散、洗脱和粒径转化过程。

NAQPMS 模式平流输送采用 Walcek 方案,干沉降采用 Wesely 阻力模型,湿沉降采用由 RADM 模式发展而来的湿沉降算法,气相化学采用 CBM-Z 机制,液相化学采用基于 RADM 的酸沉降模型,气溶胶化学考虑气溶胶微物理过程并同时考虑沙尘气溶胶与人为气溶胶的相互作用。

WRF-Chem 模式平流输送采用 Monotonic 方案,垂直扩散采用 MYJ 方案,干沉降采用 Wesely 阻力模型,湿沉降采用 Easter 方案,气相化学采用 CBMZ 机制,无机气溶胶模块为 MOSAIC 分档气溶胶方案,有机气溶胶采用 VBS 机制。

4.4.4 预报系统运行流程与自动化

预报系统运行流程如图 4 - 9 所示,首先下载 GFS 数据,然后分别运行 WRF 模式和 WRF-Chem 模式,WRF 模式输出气象场后,分别运行 NAQPMS 模式、CMAQ 模式、CAMx 模式,最终将 4 个数值预报模式预报结果进行后处理,作为预报产品输出。各步骤以脚本形式封装运行,并利用 crontab 命令实现自动化。

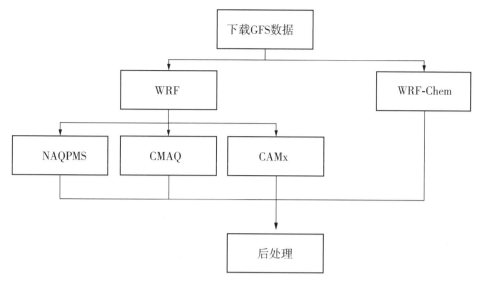

图 4 - 9　预报系统运行流程

4.5　模式系统本地化定制开发

空气质量数值模式系统是一个高度专业化、复杂化、非线性的系统，其目前仍存在诸多的不确定性，包括输入数据误差、物理化学参数化方案误差等。在不同地区，同一模式的适用性、误差来源均不同。因此，需要在全面评估的基础上，了解造成模式误差的主要因素，对模式进行本地化开发和改进（如纳入本地精细化输入数据、筛选配置适合本地化特征的模式参数），以持续提高模式系统的预报效果。

4.5.1　模式系统本地化调优思路

模式系统本地化调优是一个持续的过程，贯穿于模式系统建设、使用与运行维护的全过程。本地化调优可从以下 3 个方面开展工作。

（1）定期评估模式预报效果。结合多种来源的气象、污染监测数据，对模式开展定期的（如每季度、半年、一年）预报效果评估，及时了解模式的预报误差并诊断分析误差的可能来源，为模式预报效果的改善提供依据。

（2）气象预报效果改进。在预报效果评估的基础上，可从以下 6 个方面开展改进工作：①更新本地精细化的下垫面和土地利用数据；②开展模式不同的参数化方案组合调试，筛选最优的参数组合；③及时更新最新版气象预报模式；④结合实时气象观测数据，开展气象资料同化；⑤结合实时气象观测数据，对气象预报场做适当的订正；⑥基于广东省的相关观测和科研成果，对气象模式的相关参数进行本地化调试。

（3）污染预报效果改进。在预报效果评估基础上，可从以下 6 个方面开展改进工作：①定期更新纳入本地精细化排放源清单，并利用污染源反演、人工修正等手段降低排放源清单的不确定性；②结合实时观测数据，建立误差表征模型，对模式预报结果做适当的偏差订正；③结合实时观测数据，开展污染资料同化；④开展模式物理化学过程的参数调试，筛选适合本地化特征的参数组合；⑤及时更新模式版本，纳入最新的研究开发成果；⑥基于广东省的相关观测和科研成果，对空气质量模式的相关参数进行本地化调试。

4.5.2 模式系统本地化调试案例

本节介绍广东省空气质量数值预报系统建设过程中，对模式系统进行本地化调试、改进的一些典型案例。

4.5.2.1 模式排放源垂直分配方案改进

（1）问题描述。预报系统运行过程中，发现 NAQPMS 预报的 SO_2、$PM_{2.5}$ 浓度与实际观测相比存在系统性偏高。经初步分析表明，排放源垂直分配可能是造成该偏差的主要原因之一。

（2）解决方法。详细统计对比各污染物在垂直方向上的分配比例，发现 SMOKE-NAQPMS 接口模块过多地将污染物排放量分配在模式的第一层，导致近地面的预报浓度总体偏高。针对该问题，研究人员及时调整优化 SMOKE-NAQPMS 接口模块，修改了主要污染物排放量的垂直分配方案。

（3）解决后的效果。经调整优化后，SMOKE-NAQPMS 接口输出的三维网格化排放源垂直分配比例如图 4-10 所示。可见，SO_2 排放量在模式第二层达到最大，这是由于 SO_2 主要来自于电厂等高架源。NO_x 排放量有 50% 处于近地面，这与机动车排放是 NO_x 主要来源相符合。$PM_{2.5}$ 和 PM_{10} 排放量也主要集中于近地面，比例分别达到 60% 和 80%。以上垂直分配比例跟文献报道较为一致。调整后，污染物排放量在近地面的分配比例减小，使得主要污染物（特别是 SO_2）的预报浓度有所降低，与观测结果更为接近。

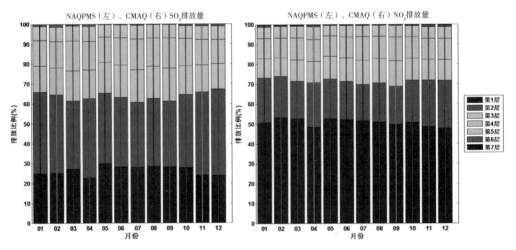

图 4-10 NAQPMS 和 CMAQ 逐月 SO_2、NO_x 排放量垂直分配比例

4.5.2.2 臭氧干沉降系数调整

（1）问题描述。对 NAQPMS 模式的评估发现，在珠三角地区，与观测对比，O_3 模拟、预报浓度存在系统性偏高，并且模拟峰值出现在 8 月或 9 月，而观测峰值则是出现

在10月份。

（2）解决方法。通过文献调研以及不同模式结果对比，研究人员发现 O_3 模拟偏差主要是由干沉降速率计算偏差造成的。珠三角地区实测的 O_3 干沉降速率为 $0.1\sim2.0$ cm/s，而模式模拟值仅为 $0.08\sim0.12$ cm/s。该偏差可能是由于两方面原因造成：①模式使用的下垫面数据陈旧，无法反映实际的土地利用情况；②模式干沉降模块相关参数存在不确定性。为解决该问题，研究人员针对性地修改了干沉降速率计算模块代码，重复进行测试比对，最终确定了最优参数。调整后，O_3 干沉降速率模拟值比调整前增大 $30\%\sim50\%$；同时，O_3 干沉降速率的季节变化也得到了相应的改善。

（3）解决效果。经过调整优化后，NAQPMS 模式对惠州 O_3 浓度时间变化的模拟效果见图4-11。总体上，该模式可较好地反映了 O_3 浓度的日变化和月变化，模拟的 O_3 峰值出现在10月份，与观测值吻合。

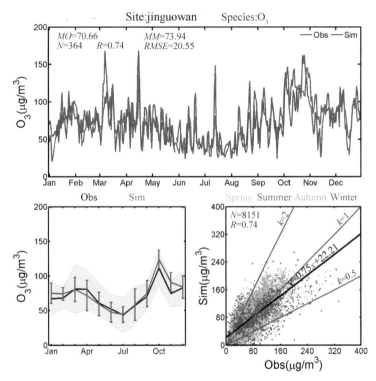

图4-11　惠州金果湾 O_3 小时、日均、月均浓度模拟与观测对比

参考文献

[1] 刘峰，张远航，苏杭，等. 大气化学传输模式 CAMx 的伴随模式：构建及应用 [J]. 北京大学学报（自然科学版），2007，43：764-770.

[2] 刘宁. 珠江三角洲大气颗粒物污染特征与过程分析 [D]. 北京：北京大学，2012.

[3] 唐孝炎，张远航，邵敏. 大气环境化学：第2版 [M]. 北京：高等教育出版社，2006.

[4] 王体健，李宗恺，南方. 区域酸性沉降的数值研究模式 [J]. 大气科学，1996，20（5）：606-614.

［5］ 王自发，王威. 区域大气污染预报预警和协同控制［J］. 科学与社会，2014，4（2）：31 – 41.

［6］ 王自发，谢付莹，王喜全，等. 嵌套网格空气质量预报模式系统的发展与应用［J］. 大气科学，2006，30（5）：778 – 790.

［7］ 张稳定. 郑州市大气污染的数值模拟及其区域输送影响研究［D］. 郑州：郑州大学，2013.

［8］ Barnard J C, Fast J D, Paredes-Miranda G, et al. Evaluation of the WRF-Chem" Aerosol Chemical to Aerosol Optical Properties" Module using data from the MILAGRO campaign［J］. Atmospheric Chemistry and Physics, 2010, 10（15）：7325 – 7340.

［9］ Binkowski F S, Roselle S J. Models-3 Community Multiscale Air Quality（CMAQ）model aerosol component 1. Model description［J］. Journal of geophysical research, 2003, 108（D6）.

［10］ Brandt J, Bastrup-birk A, Christensen J H, et al. Testing the importance of accurate meteorological input fields and parameterizations in atmospheric transport modelling using dream-validation against ETEX-1［J］. Atmospheric Environment, 1998, 32（24）：4167 – 4186.

［11］ Brandt J, Christensen J H, Frohn L M, et al. Numerical modelling of transport, dispersion, and deposition-validation against ETEX-1, ETEX-2 and Chernobyl［J］. Environmental Modelling & Software, 2000, 15：521 – 531.

［12］ Brandt J, Mikkelsen T, Thykier-Nielsen S, et al. Using a combination of two models in tracer simulations［J］. Mathematical and computer modelling, 1996, 23（10）：99 – 115.

［13］ Byun D W, Ching J K S. Science algorithms of the EPA Models-3 community multiscale air quality（CMAQ）modeling system. Office of Research and Development, United States Environmental Protection Agency EPA/600/R-99/030：ES1-ES8, 1999.

［14］ Chapman E G, Gustafson Jr W I, Easter R C, et al. Coupling aerosol-cloud-radiative processes in the WRF-Chem model：Investigating the radiative impact of elevated point sources［J］. Atmospheric Chemistry and Physics, 2009, 9（3）：945 – 964.

［15］ 沈劲，王雪松，李金凤，等. Models-3/CMAQ 和 CAMx 对珠江三角洲臭氧污染模拟的比较分析［J］. 中国科学：化学，2011，41（11）：1750 – 1762.

［16］ Ge B Z, Wang Z F, Xu X B, et al. Wet deposition of acidifying substances in different regions of China and the rest of East Asia：Modeling with updated NAQPMS［J］. Environmental Pollution, 2014, 187：10 – 21.

［17］ Hass H, Jakobs H J, Memmesheimer M. Analysis of a regional model（EURAD）near surface gas concentration predictions using observations from networks［J］. Meteorology & Atmospheric Physics, 1995, 57（1 – 4）：173 – 200.

［18］ Holmes N S, Morawska L, A review of dispersion modelling and its application to the dispersion of particles：An overview of different dispersion models available［J］. Atmospheric Environment, 2006, 40: 5902 – 5928.

[19] Kukkonen J, Klein T, Karatzas K, et al. COST ES0602: towards a European network on chemical weather forecasting and information systems [J]. Advances in Science and Research, 2009 (3): 27 – 33.

[20] Malcolm A L, Derwent R G, Maryon R H. Modelling the long-range transport of secondary PM_{10} to the UK [J]. Atmospheric Environment, 2000, 34: 881 – 894.

[21] Schmidt H, Derognat C, Vautard R, et al. A comparison of simulated and observed ozone mixing ratios for the summer of 1998 in Western Europe [J]. Atmospheric Environment, 2001, 35: 6277 – 6297.

[22] Seinfeld J H. Ozone air quality models. A critical review [J]. Journal of the Air Pollution Control Association, 1988 (38): 616 – 645.

[23] Tanaka P L, Allen D T, McDonald-Buller E C, et al. Development of a chlorine mechanism for use in the carbon bond IV chemistry model [J]. Journal of Geophysical Research, 2003, 108: ACH6.

[24] Touma J S, Isakov V, Ching J. Air Quality Modeling of Hazardous Pollutants: Current Status and Future Directions [J]. Air & Waste Management Association, 2006, 56: 547 – 558.

[25] Vautard R, Builtjes P H J, Thunis P, et al. Evaluation and intercomparison of Ozone and PM_{10} simulations by several chemistry transport models over four European cities within the CityDelta project [J]. Atmospheric Environment, 2007, 41: 173 – 188.

[26] 沈劲, 黄晓波, 汪宇, 等. 广东省臭氧污染特征及其来源解析研究 [J]. 环境科学学报, 2017, 37 (12): 4449 – 4457.

第5章 城市空气质量统计预报系统集成

5.1 统计预报模型概况

统计学起源于古希腊，最早用于研究社会经济问题，在 2000 多年的发展过程中，经历了"城邦政情""政治算数"等阶段，到 20 世纪初，进入"统计分析科学"阶段，许多统计分析科学方法才逐渐完善，并开始广泛应用于社会科学、自然科学和工程技术科学领域。根据自然界中各种因素直接存在的相关关系，可以建立起统计模型，用一个或多个变量的变化去预测和表达另外一个变量的变化。自 20 世纪以来，统计模型在大气科学领域得到广泛应用，用来指导天气预报和气候预测（魏凤英，2007；黄嘉佑，2007）。

空气质量统计预报模型是目前国内普遍采用的对空气质量进行预报的方法之一（孙峰等，2004）。统计预报方法以污染物浓度观测资料和气象数据资料为基础，通过因子初选和相关性分析，找到跟空气质量相关的气象要素，应用多元线性回归分析、聚类回归分析、BP 神经网络分析或天气形势预测分析等统计方法（如图 5-1 所示），对空气质量进行预测预报。

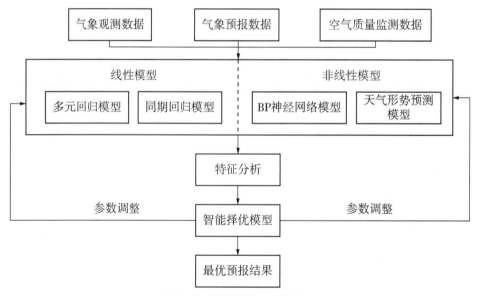

图 5-1 统计预报模型的建立

空气质量统计预报模型可以分为多元回归模型、BP 神经网络模型、天气形势预测模型等，模型的参数通过对长期历史空气质量和气象观测数据进行统计分析确定。统计预报模型的输入参数为预报前一段时间的空气质量观测数据、预报前一段时间和预报当天的气象预报数据，据此得到预报当天的污染物浓度预测结果，并通过特征分析、智能择优等方式，对上述统计模型结果进行筛选并最终得到最优结果。

5.2　多元回归模型

5.2.1　原理

多元回归模型即从气象条件和非气象条件中筛选出对大气污染物浓度变化具有显著影响的若干关键参数，通过统计分析得到多元线性回归方程，以此回归方程为依据进行外推计算，从而获得未来某项大气污染物浓度的预报结果。（朱玉强等，2004）

由于污染物浓度的变化与多个气象或非气象参数有关，难以寻找到与污染物浓度预报值线性关系显著的单个参数，所以通常选取前段时间连续几天的污染物浓度和当天气象条件（如气温、风向、风速、降雨量等）影响因素作为自变量，与目标日期的污染物浓度进行多元回归分析，将得到的回归方程作为多元回归预报模型，用于未来污染物浓度的预测。（刘漩等，2007）

5.2.2　多元回归方程的建立

多元回归分析是研究多个变量之间的线性或非线性关系。目前采取的是一个因变量对多个自变量的线性回归分析（即"一对多"回归分析）。

多元回归方程：

$$Y = \alpha_0 + \alpha_1 XX_1 + \alpha_2 XX_2 + \alpha_3 XX_3 + \cdots + \alpha_k XX_k + \varepsilon \tag{5-1}$$

其中，α_0、α_1、$\alpha_2 \cdots \alpha_k$ 为回归系数；ε 为随机误差并服从 $N(0, \sigma^2)$ 分布。

回归系数的计算为直接计算，无须迭代。

随机误差的计算：

$$\sigma'^2 = \frac{\sum_{i=1}^{n} (y_i' - y_i)^2}{n - k - 1} \tag{5-2}$$

其中，$\sum_{i=1}^{n} (y_i' - y_i)^2$ 为模型的偏差平方和；y_i' 为根据回归系数计算得出的拟合输出；y_i 为实际输出；n 为样本个数；k 为自变量个数。σ' 作为 σ 的估计值，可作为预测值的浮动值。

5.2.3　多元回归模型的特点

根据回归系数的算法，该模型有以下两个特点。

（1）样本个数的选取：$n \geqslant k + 2$，即大于或等于自变量个数 $k + 1$（常数项）$+ 1$（确保是超定方程组）。$n \geqslant k + 1$ 能确保回归系数的唯一性，再加 1 能确保是超定方程组。

（2）容错性较差：由于回归系数的计算涉及矩阵求逆，故在单个自变量的数据序列中，不能有过多非常接近的值；否则，该自变量与常数项（数据序列全为1）将存在严重的多重共线性（即二者相关性极大），导致模型的矩阵行列式接近0，这时计算逆矩阵将出错，得到的预报模型准确性较差。自变量的数据序列出现较多缺失值时，利用目前系统中的数据回补算法将会出现一部分回补数值非常接近的情况。

若采取的是线性回归分析，所有变量应使用数值（或排序）来表示，并且这种数值（或排序）能够反映该变量的实际的数量大小。如风向作为自变量时，其角度大小只是作为标记，并不能反映风的强弱，可以将其与风速进行正交分解，得到经向风速和纬向风速，再进行回归分析。

5.3 BP 神经网络模型

BP 神经网络的计算结构和学习规则遵照生物神经网络设计。神经细胞接收周围细胞的刺激并产生相应输出信号的过程可以用"线性加权和"及"函数映射"的方式来模拟（焦李成等，2016）。Rumelhart 等人对多层网络的 BP（Back Propagation）算法，即误差反向传播算法进行了详尽的分析（Rumelhart 等，1988）。

5.3.1 原理

BP 神经网络是一种单向传播的多层前向网络，其研究对象为多个变量之间的线性或非线性关系，网络的第一层为输入层，最末一层为输出层，中间各层均为隐含层，如图 5 - 2 所示（丁卉等，2014）。

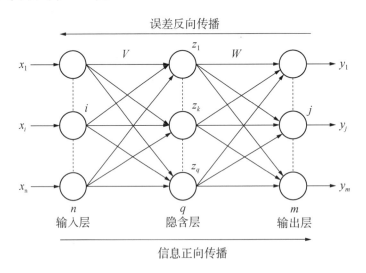

图 5 - 2 BP 神经网络模型

同层神经元节点间没有任何耦合，而相邻层的神经元之间使用连接权系数进行相互连接。输入信息依次从输入层向输出层传递，每一层的输出只影响下一层的输入。网络中每一层神经元的连接权值都可以通过学习来调整。当给定一个输入节点数为 N，输出

节点数为 M 的 BP 神经网络，输入信号由输入层向输出层传递，通过非线性函数的复合来完成从 N 维到 M 维的映射，该过程是向前传播的过程；如果实际输出信号存在误差，网络就转入误差反向传播过程，并根据误差的大小来调节各层神经元之间的连接权值。当误差达到可接受的范围时，网络的学习过程就此结束。BP 神经网络基本原理如图 5 - 3 所示。

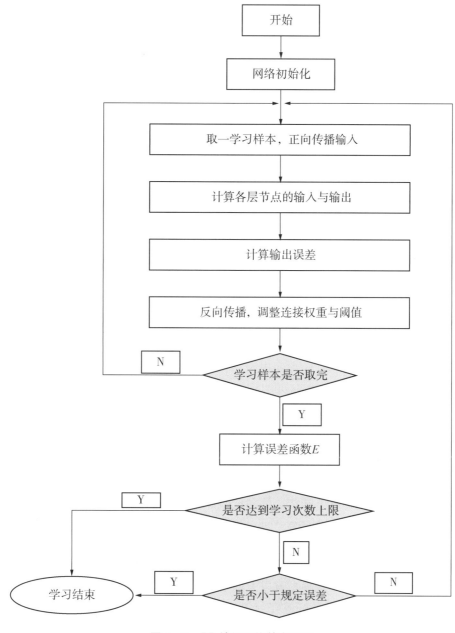

图 5 - 3　BP 神经网络基本原理

5.3.2　BP 神经网络模型的建立

如图 5-4，输入层信号（即 n 个自变量 x_1、$x_2 \cdots x_n$ 的一条样本）经过线性累加器的处理（与网络权值 w_{1j}、$w_{ij} \cdots w_{nj}$ 及阈值 b_j 进行运算，j 表示第 j 个神经元）输入到隐含层的神经元，再经过该神经元中的激励函数 f 的线性或非线性变换产生输出信号 O_j。下一个隐含层把前一个隐含层的输出作为输入，重复上述过程。最后，输出层把最后一个隐含层的输出作为输入，进而产生最终的输出信号。

最终输出信号与期望输出（即样本的输出变量）之间的差值为误差信号。误差信号由输出端开始逐层反向传播，调节网络权值及阈值，通过权值及阈值的不断修正使网络的输出更接近期望输出。

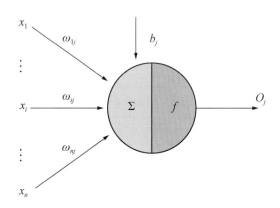

图 5-4　BP 神经网络模型

隐含层的层数与每层所包含的神经元个数均可设定调整，以达到最佳的拟合效果。其设定的经验规则为：通常初步建议隐含层层数为 1，神经元个数为 $\sqrt{n+m+a}$，其中 n 为输入节点数，m 为输出节点数，a 为常数，取 $1 \sim 10$。

网络系数（权值＋阈值）个数的计算：假设输入层的输入信号维数为 n，隐含层层数为 k，隐含层神经元个数为 q_k，输出神经元个数为 m，则网络系数个数为

$$N = (n+1) \cdot q_1 + (q_1 + 1) \cdot q_2 + (q_2 + 1) \cdot q_3 + \cdots + (q_{k-1} + 1) \cdot q_k + (q_k + 1) \cdot q_m$$

$$(5-3)$$

网络权值的算法有梯度下降法、带动量的梯度下降法、拟牛顿法、LM 法、弹性 BP 算法等。目前系统采用的是 Aforge. Neuro 的带动量的梯度下降法。

5.3.3　BP 神经网络模型的特点

根据网络权值的算法，该模型有以下两个特点。

（1）样本个数的选取。最好遵守与上述回归模型类似的规则进行选取，即大于或等于 $N+1$，但不是强制性要求。

（2）容错性较佳。不存在上述回归模型的多重共线性问题导致的系数计算错误（但输入变量间的相似性仍会导致系数的不稳定）；同时，S 型的激励函数使异常的输入

样本得到抑制。

5.3.4 模型自动调优流程

单项污染物浓度预测过程主要包括：①根据输入参数进行样本优化筛选；②根据筛选出的样本训练出5组BP神经网络模型；③测试所建立的BP神经网络模型；④向最优的BP神经网络模型输入参数；⑤输出预测结果；⑥预测精度分析。整个模型调优算法基本流程如图5-5所示。

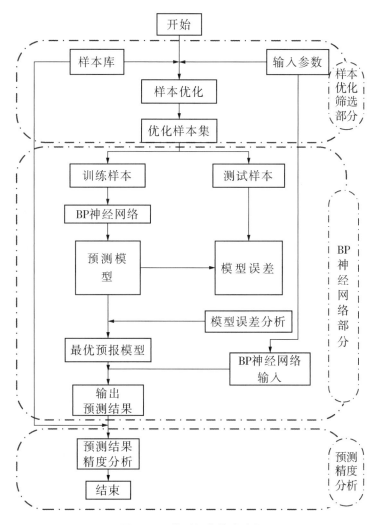

图5-5 模型调优算法流程

5.3.5 样本优化算法

（1）建立样本库。样本库内容主要包括：历史污染物浓度监测数据和历史气象监测数据。污染物参数主要包括：$PM_{2.5}$、PM_{10}、CO、SO_2、NO_2、O_3。气象参数主要包括：气温、大气压、相对湿度、降雨量、风向、风速、W_x（风矢量坐标化）、W_y（风矢量坐标化）、大气稳定度。

（2）输入参数。PM$_{2.5}$/PM$_{10}$输入参数以珠三角区域预报为例，见表5-1。

表5-1 PM$_{2.5}$/PM$_{10}$输入参数

数据类型 预报时效	前两日污染物浓度值	前一日气象数据	预测日（今日） 气象预报数据
24小时预报	PM$_{2.5}$/PM$_{10}$ 前一日浓度； PM$_{2.5}$/PM$_{10}$ 前两日浓度	降雨等级、大气压、相对湿度、大气稳定度	降雨等级、W_x、W_y
48～168小时预报	PM$_{2.5}$/PM$_{10}$ 前一日浓度； PM$_{2.5}$/PM$_{10}$ 前两日浓度	降雨等级、大气压、大气稳定度	降雨等级、W_x、W_y

（3）样本优化。样本优化部分用于深度挖掘历史样本与预报日气象之间的关联规律，筛选出具有代表性的样本用以建立模型。

1）样本优化原理。本研究的样本优化的方法是以气象相似为准则，以三层筛选为机制，通过建立优化参数矩阵来筛选出与预测日气象相似度最高的样本数据。

用预报日当天的气象参数与前一日的气象参数作为一组数据，在历史数据库中找出相似的数据组合。

在第一层优化筛选中，针对样本的各单因子，采用阈值矩阵来剔除部分样本，得到初始优化样本子集；在第二层优化筛选中，加入权重矩阵，将多因子转换为单属性参考值，即总体气象相似度，同时剔除部分样本；在第三层优化筛选中，将剩余样本以总体气象相似度排序，按需求样本量筛选出最优样本，形成三次优化样本子集（见图5-6）。

第一层筛选：筛选出每一气象相似度均达到一定阈值范围内的样本（见图5-7）。筛选出的样本须满足

$$\Delta y_j \leqslant y_{j\text{set}} \tag{5-4}$$

其中，

$$\Delta y_j = \left| y_{j\text{预}} - y_{j\text{样}} \right| \tag{5-5}$$

式中，$y_{j\text{预}}$为预测日的气象因子值；$y_{j\text{样}}$为样本的气象因子值；样本与预测日各气象因子间的气象相似度为Δy_j；j为气象因子标签；$y_{j\text{set}}$为各气象因子筛选的阈值，组成初始阈值矩阵Y，该矩阵中的阈值可根据样本需求量动态变化。

第二层筛选：筛选出总体气象相似度达到一定阈值范围内的样本（见图5-8）。筛选出的样本须满足

$$S \leqslant S_{\text{set}} \tag{5-6}$$

其中，

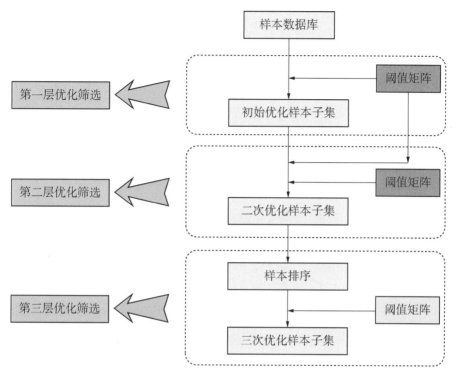

图 5-6 样本优化流程

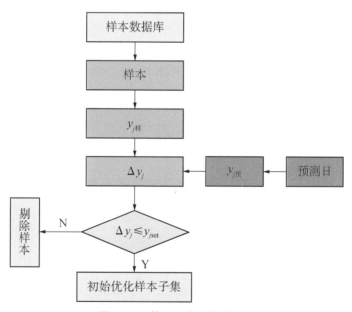

图 5-7 第一层优化筛选流程

$$S = \sum_{j \leqslant M_{num}} (w_j \cdot \Delta y_j) \qquad (5-7)$$

式中, S 为总体气象相似度; S_{set} 为总体气象相似度筛选的阈值; w_j 为样本各气象因子的权重, 组成权重矩阵 W, 反映该气象因素对污染物浓度影响程度; M_{num} 为气象因子的个数。

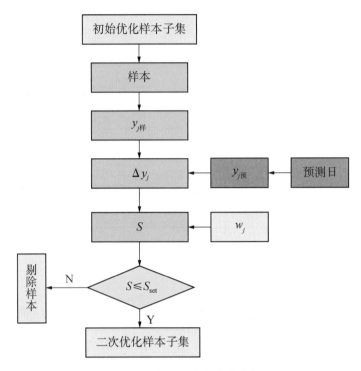

图 5-8　第二层优化筛选流程

第三层筛选：筛选出与预测日气象背景相似度最高的 n 个样本（见图 5-9）。筛选出的样本须满足

$$Q_{num} \leqslant n \qquad (5-8)$$

式中，Q 为以总体气象相似度 S 排序的升序样本列；Q_{num} 为排序后的样本列中样本的序号；n 为需求的样本量。

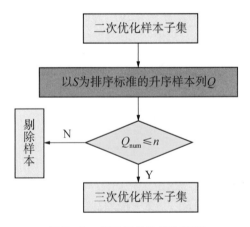

图 5-9　第三层优化筛选流程

2）样本优化的参数设置：样本优化程序中 $PM_{2.5}$ 预报的参数设置以珠三角区域预报为例。详见表 5-2。

表 5-2　样本优化程序中 PM$_{2.5}$ 预报的参数设置

指标	24 小时预报				48～168 小时预报			
	权重		阀值		权重		阀值	
	符号	值	符号	值	符号	值	符号	值
W	$w11$	0.24	set11	6	$w11\_week$	0.30	set11_week	6
T	$w12$	—	set12	8	$w12\_week$	—	set12_week	8
RF	$w13$	0.12	set13	2	$w13\_week$	0.15	set13_week	2
$Wp-1$	$w21$	—	set21	8	$w21\_week$	—	set21_week	8
$Tp-1$	$w22$	—	set22	10	$w22\_week$	—	set22_week	10
$RFp-1$	$w23$	0.08	set23	2	$w23\_week$	0.10	set23_week	2
$APp-1$	$w24$	0.16	set24	10	$w24\_week$	0.20	set24_week	10
$RHp-1$	$w25$	0.20	set25	10				
$ASp-1$	$w26$	0.20	set26	2	$w25\_week$	0.25	set25_week	2
总体			setall	5			setall_week	5

表中 PM$_{2.5}$ 预报的指标有：W（今日风力）、T（今日气温）、RF（今日降雨等级）、$Wp-1$（前一日风力）、$Tp-1$（前一日气温）、$RFp-1$（前一日降雨等级）、$APp-1$（前一日大气压）、$RHp-1$（前一日相对湿度）、$ASp-1$（前一日大气稳定度）。

5.4　聚类回归模型

5.4.1　主要原理

聚类回归模型是指聚类分析与回归算法相结合的模型。聚类分析将样本划分至不同的分组，同一个分组中的对象有很大的相似性，而不同分组间的对象有很大的相异性。

将样本应用至多元回归模型、BP 神经网络等模型之前，可通过聚类分析把样本划分至不同的分组，然后对计算预测值时的输入端进行归类判断，判断其属于哪个样本分组，取该分组应用至模型。

图 5-10 描述了聚类分析的一个实例，它把样本划分成 3 个分组。每个样本有两个属性（x，y），故可将其画在坐标轴上。

聚类分析算法有 k 均值算法、系统（层次）聚类算法等。

若采用 k 均值算法或系统聚类算法，则分组的依据是距离，最常用的是欧式距离。例如，图中两点的欧式距离为

$$d_{12} = \sqrt{(x_1 - x_2)^2 + (y_1 - y_2)^2} \qquad (5-9)$$

聚类过程中要计算的距离包括点到点的距离和点到分组的距离。而后者可以定义为点到分组中某一点的距离、点到分组中心的距离等。这里分组中心可以是组内所有点的

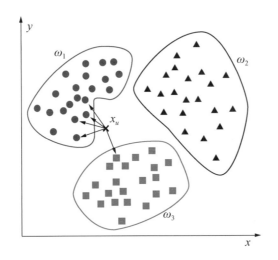

图 5-10　聚类回归模型

平均值、最靠近中心的点等。

　　由于 k 均值算法不能保证每次均收敛至最佳极小值点，从而导致每次的聚类结果均不相同，所以目前系统采用的是系统聚类算法。

5.4.2　聚类回归模型的特点

　　根据聚类分析的算法，该模型的特点是聚类分析后的样本相似性更高。

5.5　天气形势统计模型

5.5.1　主要原理

　　在一定时期内，可将污染源排放视为"准定常量"，空气中污染物浓度变化主要由气象条件决定。然而，气象条件变化会随着天气形势的转变而转变，因此，一方面可以将天气形势依次分为若干种类型，统计各天气形势下污染物的平均浓度；另一方面可以根据不同污染水平，确定重污染发生的常见天气形势和轻污染发生的常见天气形势。统计各天气形势下污染物平均浓度的比值，将该比值作为不同天气形势之间转变时污染物浓度的转换系数。天气形势统计模型以预报日的前一天污染物实际浓度为基准，根据预报日当天和前一天的天气形势，选取天气形势转变时对应的浓度转换系数，计算预报日的空气质量预报结果。

5.5.2　天气形势案例库

　　根据多年的气象和空气质量观测数据库，通过分析高空及地面天气实况分析图、地面气象观测站数据等，参考气象部门对天气系统的分析方法，将天气形势划分为若干类，统计不同天气类型下的污染物平均浓度，建立天气类型案例库。详见表 5-3。

表 5 - 3　天气形势案例库

（单位：μg/m³）

日期	天气系统	SO_2	CO	NO_2	O_3	PM_{10}	$PM_{2.5}$
2013.1.1	锋前	12	23	43	54	54	23
2013.1.2	锋区强风	23	23	34	234	24	12
2013.1.3	脊内	12	34	23	32	43	23
2013.1.4	脊内回流	32	34	54	23	78	65

在表 5 - 4 的案例库中，把连续两天的天气形势组合成一种情景，统计不同情景下 $PM_{2.5}$、PM_{10}、SO_2 等空气污染物的浓度和 AQI 等级的变化量或变化系数。

表 5 - 4　天气形势组合情景库

编号	类型	变化系数 & 日期
1	锋前—锋区强风	- 3（2013.1.1），12（2013.2.2），20（2013.4.4）， 34（2013.7.8），23（2013.9.1）
2	锋区强风—脊内	0（2013.1.2）…（略）
3	脊内—脊内回流	31（2013.1.3）…（略）
…	…	…

预报时，根据前一天污染物的实际浓度和前一天的天气形势对预报当天的天气形势转变时对应的变化系数，得出预报当天的空气质量的预报结果。

5.6　统计模型的智能择优

以统计模型算法为核心，用计算机语言编程，将空气质量及气象数据资料库，统计模型的数据读取、计算、输出、显示等功能，以及模型的自动化运行集成到一起，搭建空气质量统计模型预报系统的基本功能（刘漩等，2007）。为了进一步优化模型预报结果，可以采用多种模型智能择优机制，定期对模型进行评估，滚动筛选最优预报结果。

5.6.1　择优准则

择优准则包括四方面，即模型拟合情况、模型的预测情况、马娄斯的 Cp 准则和信息准则。

准则 1：模型拟合情况

从拟合角度考虑，采用复相关系数与修正后的复相关系数来评价模型的拟合程度，即 R^2 达到最大。

与此等价的准则是：均方残差 MSE 达到最小。因为在复相关系数分子中均方残差 MSE 的系数为负值，故当均方残差 MSE 达到最小时，复相关系数达到最大。

准则 2：模型的预测情况

从预测的角度考虑，可以采用预测误差达到最小的准则。预测误差准则的基本思想是：对于给定的自变量和样本数据，对未来的空气质量和污染物浓度进行统计模型预测，得到若干种污染物浓度的预测值或一段时间内的污染物浓度预测值。当总的预测误差平方和最小时，选取该模型作为主要的统计预测模型。其中，度量预测误差的常用指标有：平均误差、平均绝对差、均方差、标准差及平均绝对百分误差。这些指标越小，说明预测的误差越小，即预测的精确度高；反之亦然。

准则 3：马娄斯的 Cp 准则

Cp 准则也是从预测的角度考虑。具体过程为：定义一个 Cp 统计量，其中 Cp 的分子为 SEEp，表示包含各个自变量的回归方程的残差平方和，Cp 的分母为 MEEp，表示基准统计模型的均方残差，另外还要考虑样本量以及自变量个数的影响。

Cp 准则要求选择 Cp 值小的统计模型。

准则 4：信息准则

信息准则包括赤池信息准则和施瓦茨信息准则。

（1）赤池信息准则（AIC）。这个准则由日本统计学家赤池提出，人们称它为 Akaike Information Criterion，即 AIC。AIC 准则考虑模型的对数似然函数的极大值和模型自变量的个数。若模型自变量的个数过多，容易产生过拟合的现象，并令程序的运行效率降低。于是 AIC 准则对增加更多的自变量施加了更为严厉的惩罚，在比较模型时，以 AIC 最低值的模型为优先。

（2）施瓦茨信息准则（SIC）。这个准则由统计学家施瓦茨根据 AIC 准则进行改进，简称为 SIC 准则。SIC 准则在 AIC 准则的基础上加入考虑模型的样本数，施加的惩罚比 AIC 更严厉，且 SIC 值越低越好。

5.6.2　智能择优的实现

根据预报业务需求，以月或周为统计时段，对比不同污染物的预报结果与监测数据，以判断每种污染物适用的统计预报模型。

系统通过每月或每周对每种污染物的统计预报模型的适用情况进行智能化考察。根据统计模型选择的准则，综合考虑准则运算的复杂性与运行效率以及准则结果的易表达、易理解性，最终选取准则 2（模型的预测情况）为首要评估基准，再辅以其他准则对统计模型进行综合评定。在综合考虑预报精度、统计模型参数、模型数据的可获得性以及模型运行效率等方面的条件下，得出每种污染物的最优模型，并以此模型为该种污染物的默认模型，应用于下一阶段的预报业务中，运行一段时间后，再次考察各类模型，调整首选的默认模型。

参考文献

[1] 丁卉. 华南与华北典型城市空气质量预报模型研究 [D]. 吉林：东北电力大学，2014.

[2] 黄嘉佑. 气象统计分析与预报方法：第 3 版 [M]. 北京：气象出版社，2007.

［3］焦李成，杨淑媛，刘芳，等. 神经网络七十年：回顾与展望［J］. 计算机学报，2016，39（8）：1697－1716.

［4］李璐，刘永红，蔡铭，等. 基于气象相似准则的城市空气质量预报模型［J］. 环境科学与技术，2013，36（5）：156－161.

［5］刘闽，王帅，林宏，等. 沈阳市冬季环境空气质量统计预报模型建立及应用［J］. 中国环境监测，2014，30（4）：10－15.

［6］刘漩. 广东省空气污染统计预报系统研究［D］. 广州：广东工业大学，2007.

［7］孙峰. 北京市空气质量动态统计预报系统［J］. 环境科学研究，2004（1）：70－73.

［8］魏凤英. 现代气候统计诊断与预测技术［M］. 北京：气象出版社，2007.

［9］朱玉强. 几种空气质量预报方法的预报效果对比分析［J］. 气象，2004（10）：30－33.

［10］Rumelhart D E，Hinton G E，Williams R J. Learning representations by back-propagating errors［J］. Cognitive modeling，1988，5（3）：1.

第6章 区域空气质量预报产品服务系统建设

区域空气质量预报产品服务系统建设的主要目的是向空气质量预报业务平台推送数据产品并实现信息发布功能，为环保管理部门、省市两级预报业务技术部门及社会公众提供空气质量预报预警信息服务。

6.1 系统框架

区域空气质量预报产品服务系统主要由以下5个部分组成。

（1）空气质量预报产品生成与存储。接收中国环境监测总站预报中心下发的数值预报产品并进行解析，结合广东省空气质量多模式集合数值预报系统与统计预报系统产出的预报结果，以及大气重污染预警信息等，生成整套的全省分片区及各市预报预警产品包。

（2）空气质量预报产品分发与共享服务。通过系统开发，实现向全省21个地级市、气象合作部门及华南区域各省份及重点城市分发和共享预报预警产品，并能实现自动分发、手动补发、日志记录、数据用户和系统配置等功能。

（3）城市空气质量预报信息报送与管理。向全省21个地级市提供至少三种方式上报城市空气质量预报结果与预警信息，提供数据接收管理、浏览查询、数据审核等功能。

（4）空气质量预报预警信息发布服务。以文字、地图、报表等形式，实时发布广东省区域、各城市的空气质量预报预警与污染形势信息，并为公众提供与空气质量相关的基础知识及科普宣传。

（5）手机短信、APP及微信公众号服务。通过定时自动或临时手动推送的形式，向指定用户，如环境主管部门人员、监测与预报技术人员、第三方运行维护人员或特定群众等，发送空气质量监测实况、预报、预警及排名月报等各类信息。

研发空气质量预报预警手机客户端及开设微信公众号，实时获取并发布空气质量状况及预报预警信息。

系统业务流程见图6-1。

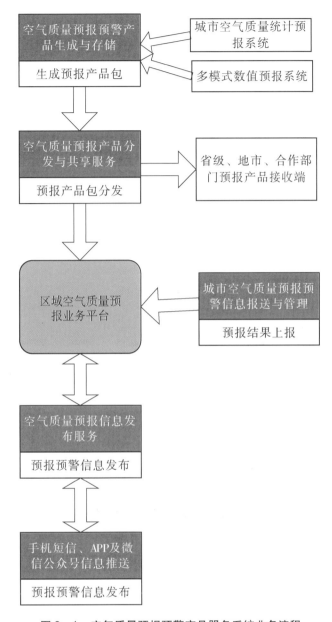

图6-1 空气质量预报预警产品服务系统业务流程

6.2 预报产品生成

空气质量预报预警产品生成子系统是对中国环境监测总站预报中心下发的数值预报产品进行接收和解析，结合广东省空气质量多模式数值预报系统与统计预报系统产出的预报结果，以及大气重污染预警信息等，生成整套的全省分片区及各市预报预警产品包。该系统包括预报预警产品文件生成与储存和预报预警产品数据接口两部分功能模块。

6.2.1 预报预警产品文件生成与存储

（1）国家数值模型预报产品接收与解析。该系统每天自动提取中国环境监测总站预报中心分发的数值预报指导产品，并进行解析，产出广东省的数值预报结果，并自动产出全省各站点未来 7 天六项污染物（SO_2、NO_2、PM_{10}、$PM_{2.5}$、O_3 和 CO，下同）的数值预报小时值和日均值，统计全省 21 个地级市未来 3 天六项污染物日均值。接收与存储总站预报中心下发的全国气象场预报结果图片，包括高空、500 hPa、700 hPa、850 hPa 和地面等不同高度层次天气形势图等。所产出的数据及其他的数值预报产品自动同步存储至数据库中。

（2）统计预报结果文件生成与存储。每天自动读取空气质量统计预报系统生成的广东省内 21 个地级市及其国控点位未来 7 天六项污染物预报信息，转化为产品服务系统数据库格式并进行存储；同时，系统还提供回补功能，可手动实时回补生成不同时间段各城市的统计模型预报信息。详见图 6-2。

选择范围	预报日期	SO₂		NO₂		PM₁₀	
		浓度(μg/m³)	分指数	浓度(μg/m³)	分指数	浓度(μg/m³)	分指数
清远市	2016-04-12	14	14	36	45	56	53
清远市	2016-04-13	15	15	44	55	60	55
清远市	2016-04-14	15	15	43	54	62	56
清远市	2016-04-15	15	15	41	52	64	57
清远市	2016-04-16	15	15	44	55	66	58
清远市	2016-04-17	15	15	46	58	76	63
清远市	2016-04-18	12	12	44	55	76	63

* 等级颜色说明：　优　　良　　轻度污染　中度污染　重度污染　严重污染

图 6-2　统计预报模型预报结果（以清远市为例）

（3）多模式数值预报结果生成与存储。系统每天自动生成广东省空气质量多模式数值预报结果产品包，并存储到数据库中。数据包括 NAQMPS、CMAQ、CAMx 和 WRF-Chem 四个模式的预报结果，参数包括站点六项污染物小时与日均浓度、站点颗粒物组分浓度、城市六项污染物日均浓度、七种气象参数（气温、气压、风向、风速、降雨量、相对湿度、能见度）数据、站点大气污染物垂直分布图，以及 500 hPa、700 hPa、850 hPa 和地面等不同高度气象场分析图片等。同时，生成与存储同化模型的六项污染物小时与日均浓度分布图。详见图 6-3 至图 6-9。

（4）大气重污染预警信息接收与存储。系统能够与总站预报中心的平台进行对接，对其下发的大气重污染预警信息实现接收、存储、解析与入库，登记广东省发布的大气重污染预警信息，设定信息发送范围，为后续下发的重污染预警信息录入基础数据。

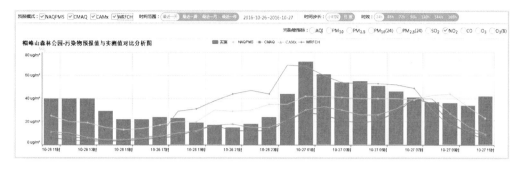

图6-3　多模式污染物小时浓度预报产品（以 NO$_2$ 为例）

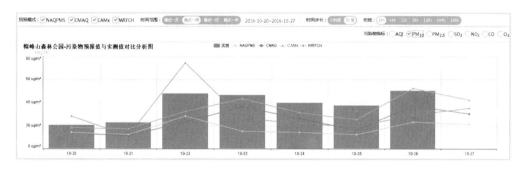

图6-4　多模式污染物日均浓度预报产品（以 PM$_{10}$ 为例）

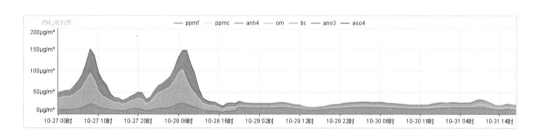

图6-5　站点颗粒物组分数据（以广州市麓湖站点为例）

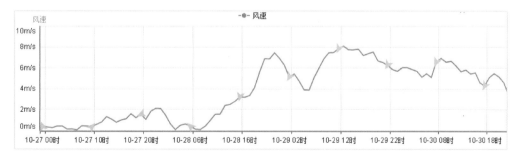

图6-6　气象参数预报产品（以风速、风向为例）

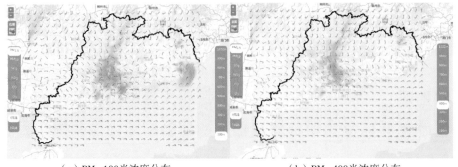

（a）PM$_{2.5}$100米浓度分布   （b）PM$_{2.5}$400米浓度分布

图6-7 污染物垂直分布图

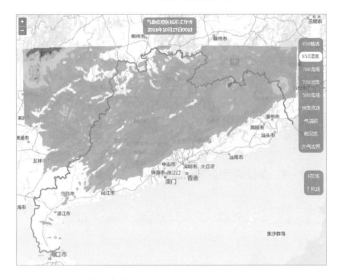

图6-8 不同高度气象场分析同化图（以850 hPa湿度为例）

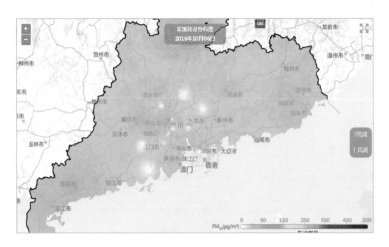

图6-9 同化分布图（以PM$_{2.5}$日均浓度为例）

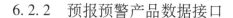

6.2.2　预报预警产品数据接口

　　系统预留了相关的数据接口，向广东省内 21 个地级市提供国家预报指导产品、统计预报产品以及多模式数值预报产品。预报产品的数据传输依靠广东省环境监测中心和各地级市国家空气质量监测网的 VPN 设备进行，确保了数据的安全性和可靠性。

6.3　预报产品分发与共享服务

　　为实现向全省 21 个地级市及气象合作部门分发和共享预报预警产品，系统开发了自动分发、手动补发、日志记录、数据用户和系统配置等功能。主要由省级产品接收端、市级产品接收端、合作部门共享信息接收端及 VPN 传输网络四部分组成，详见图 6－10。

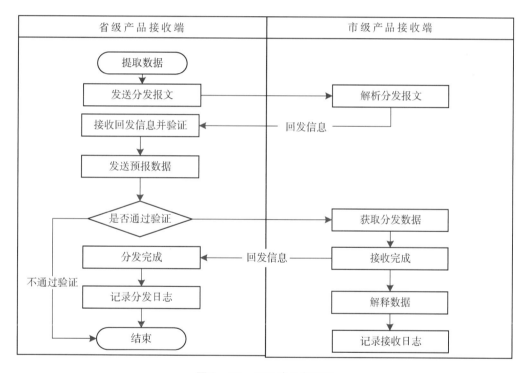

图 6－10　子系统业务流程

6.3.1　省级产品接收端

　　省级产品接收端包括预报产品包获取、分发、内容展示、系统参数配置、系统支持管理五部分功能。

　　（1）预报产品包获取。预报产品包数据获取功能主要是从广东省空气质量预报预警产品生成子系统中获取其生成的预报产品包，由城市数据项目设置和城市数据包提取两部分功能组成。

1）城市数据项目设置：管理人员可按需求设置数据项目，提供各城市预报产品包。主要信息内容是由四种模式（NAQPMS 模型、CMAQ 模式、CAMx 模式和 WRF-chem）模拟生成的。包括六项污染物（O$_3$、PM$_{2.5}$、PM$_{10}$、CO、NO$_2$、SO$_2$）的浓度区域形势场、七种气象参数（气温、气压、风向、风速、降雨量、相对湿度、能见度）的时空变化趋势图以及垂直方向上五个高度层（包括地面、925 hPa、850 hPa、700 hPa、500 hPa）的天气形势图等数据，在此基础上实现参数的添加、编辑、删除操作和设置，并根据设置的项目生成系统生成城市预报指导产品包。

2）城市数据包提取：根据城市数据项目设置，从预报产品生成系统提取各城市的预报产品包，当城市数据包提取完成后通知数据分发服务。

城市数据提取内容主要有四种数值模式数据、站点 PM$_{2.5}$ 垂直分布图、城市需要的边界条件与初始场格点数据和城市空气质量（AQI）基础预报信息等。数据类型有文本数据和图片两种形式。

（2）预报产品包分发。预报产品包分发功能主要包括自动分发管理、手动补发管理和分发日志查询三个功能。

1）自动分发管理：自动分发管理功能主要是对各地级市空气质量预报系统自动发送预报产品包，管理的内容包括预报产品包发送城市数据内容、发送数据时间、数据补发次数、发送数据是否成功等，并对相应的内容进行添加、删除、编辑等操作。

2）手动补发管理：手动补发管理是为了让系统管理人员能够对自动分发数据失败城市进行补发管理。该功能通过选择预报产品包的时间和分发城市，将预报产品包补发给相应接收系统。主要包括对补发记录的添加、删除、编辑等功能。

3）分发日志查询：系统用户通过选择发送时间范围、发送区域、发送状态等条件，查询出符合条件的分发日志记录详细信息。对于查询出来的结果，会以列表的形式展示出来，并可以将结果数据以 Excel 文件格式导出。

（3）预报产品内容展示。系统具备对预报结果内容进行展示的功能，能够对全省预报产品及城市预报产品包进行综合及动态展示，对六种污染物（O$_3$、PM$_{2.5}$、PM$_{10}$、CO、NO$_2$、SO$_2$）的浓度、AQI 数据及图片、七种气象数据（气温、气压、风向、风速、降雨量、相对湿度、能见度）、预报初始场数据及气团后向轨迹等，以不同的维度和图像进行统计、查询和动态展示。图 6 - 11、图 6 - 12 为预报产品内容展示。

（4）系统参数配置。系统参数配置功能模块包括分发网络设置、城市信息管理、城市联系人信息管理三个部分。

1）分发网络设置：为已入库的城市配置 IP，用于分发报文和预报产品包，增加分发的明确性，同时可以通过分发网络配置功能，查询现有的分发点信息；并能对城市记录进行新增、删除、查询和修改的操作，使系统对分发点的配置更灵活简便。

2）城市信息管理：对城市名称、编号、纬度、经度等信息进行添加、删除、编辑等操作。

3）城市联系人信息管理：对城市名称、联系人姓名、手机号码、邮箱等信息进行新增、编辑、删除和查询操作。

（5）系统支持管理。系统支持管理模块包括系统参数设置、用户管理、角色管理、

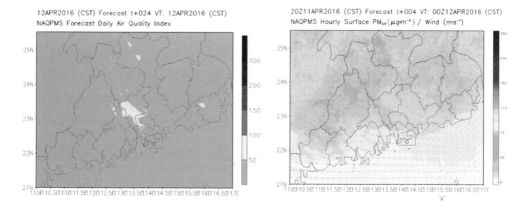

图6-11　预报产品内容展示（区域污染物预报分布）

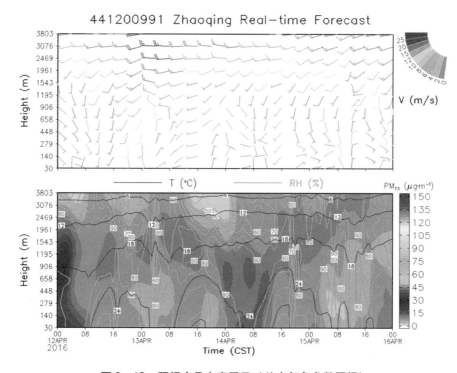

图6-12　预报产品内容展示（站点气象参数预报）

角色授权和系统日志五个功能。

1）系统参数设置：设定系统分发报文及预报产品包的时间和开放省市平台上传数据的时间范围。设定系统的启停，动态灵活地控制系统分发工作。

2）用户管理：用户管理实现对系统用户的查询、新增、修改、删除、禁用和授权操作。当在创建新增用户时即需要对该用户进行用户分组和用户角色的分配，创建新增用户后可对用户进行授权。

3）角色管理：创建和管理系统管理员、城市用户、省级用户等不同角色。

4）角色授权：角色授权是对系统角色的授权操作，实现对角色是否拥有系统内某个页面的访问权限的控制。选择分组后，列出所选分组下的相关角色，选择系统角色功能模块以及对应模块权限。

5）系统日志：系统日志详细记录系统运行状态。对于重要的操作，如数据的入库操作、数据的输出操作、数据的编辑处理等，均需要记录在日志中，可以根据用户名、操作类型、操作时间进行日志信息查询，也可以对用户数据更新、数据编辑处理等情况进行日志检索和统计汇总。

6.3.2　市级产品接收端

市级产品接收端包括数据接收、数据处理、数据应用和系统管理四个部分。

（1）数据接收。包括自动接收、数据补发和接收记录查询。

1）自动接收：对省级下发的数据包进行分类、分目录存储，并向省级系统反馈接收情况。可设置接收时间、是否启动接收、存放数据目录等。

2）数据补发：若地市接收预报产品包异常，添加补发申请记录，可申请重新发送预报产品包数据。数据补发管理主要包括补发指令添加、删除、查询等操作。

3）接收记录查询：通过时间范围、记录类型、状态等条件查询接收记录，以列表形式展示。

（2）数据处理。对接收到的模式数据生成的六项污染物的日均浓度分布图和浓度区域形势场图、站点 $PM_{2.5}$ 垂直分布图、城市需要的边界条件与初始场格点数据、城市空气质量（AQI）基础预报信息及七种气象数据、垂直方向五个高度层观测图等数据包进行数据分拆和存储到数据库，经过处理的存储的数据提供给省市站用户查看及使用。

（3）数据应用。数据应用模块由接收数据应用和数据统计两大功能组成。

1）接收数据应用：主要将接收的预报数据以列表或图表的形式显示出来，以 Excel 文件格式导出展出的数据结果。图 6-13 为接收数据应用示意图。

2）接收数据统计：对接收数据进行时间、空间综合分析，从不同维度统计城市使用情况，通过饼图、折线图和柱状图三种形式直观展示统计的结果。

（4）系统管理。设置系统启停、城市编号、城市名称等参数。记录和查询系统运行异常信息、系统服务状态、数据编辑处理等日志。

6.3.3　合作部门共享信息接收端

根据与气象局、华南区域预报中心、其他省份预报单位等合作部门的协议情况，采用与市级接收端类似的框架结构与技术方法，向合作部门提供定制的预报数据产品。

（1）气象部门共享数据。主要包括多模式空气质量数值预报模式的区域预报分布图，省内站点和城市污染物浓度预报数据，根据约定共享的空气质量自动监测数据、预报和预警信息等。

（2）其他省份预报单位共享数据。主要包括多模式空气质量数值预报模式的区域预报分布图，区域内各城市数值污染物浓度预报数据，根据约定共享的空气质量自动监测数据、预报和预警信息等。

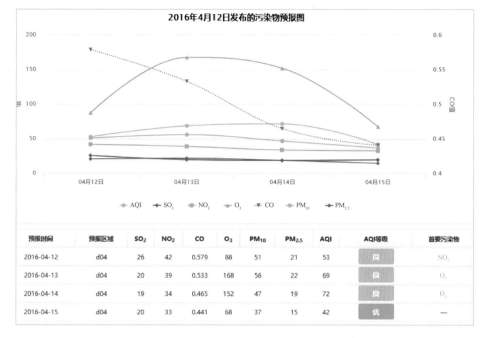

图6-13 接收数据应用示意图

6.3.4 VPN 传输网络

系统采用 VPN 隧道传输技术，组建省站与各市级站点之间的安全加密局域网，同时，采用广东省环境监测中心和各地市国家空气质量监测网的 VPN 设备对以上预报产品进行数据传输，确保了数据的安全性和可靠性。图6-14 为系统硬件结构示意图。

6.4 城市空气质量预报信息报送与管理

城市空气质量预报预警信息报送与管理以收集各城市的空气质量预报数据及数据审核、发布和展示为核心。主要功能包括：预报数据上报管理、预报数据接收管理、数据审核、数据综合分析、系统支撑管理和管理维护模块。图6-15 为城市空气质量预报预警信息报送与管理功能结构。

6.4.1 预报数据上报管理

在规定的时间内，各城市空气质量预报部门上报未来 24 小时、48 小时、72 小时及以上各城市预报信息，包括总体情况文字描述、空气质量（AQI）等级、首要污染物、六项污染物的预报浓度范围等及重污染预警信息。提供至少三种方式供各城市上报预报结果，上报结果统一录入本系统数据库。

（1）使用分配的账号登录系统填报。为各地级市分配固定账号，供其登录城市空气质量预报预警报送与管理子系统。

（2）在市级业务系统进行上报。在预报预警产品分发与共享服务子系统的市级产品

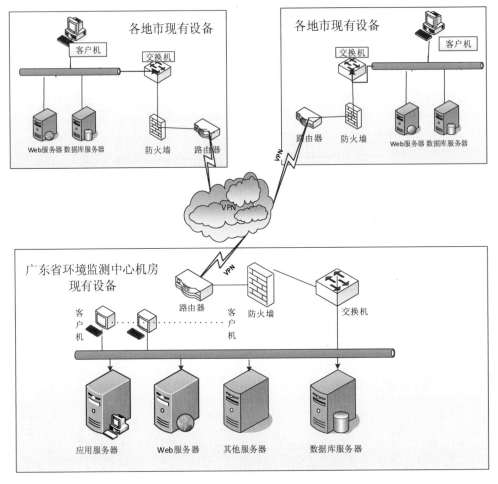

图 6 - 14 系统硬件结构示意图

接收端提供上述预报预警信息上报功能，城市用户可按时间段查询本城市历史上报信息。

（3）开发预报预警数据上报接口。开发网络接口，与全省 21 个地级市的预报系统进行对接，接收各市的空气质量预报预警信息。

（4）历史预报数据查询。城市用户可按时间段查询本城市历史上报的城市预报结果数据信息。

6.4.2　预报数据接收管理

（1）接收规则设置。系统具备接收规则设置功能，系统管理员通过此功能，可对预报数据接收时间段进行设置，并对接收城市上报空气质量预报数据的程序进行启动与关闭。

（2）预报数据一览表。以列表形式汇总各城市预报信息上报情况及上报数据。同时，在电子地图上显示已成功上报、未上报及上报异常的城市；点击地图上的城市标记可显示城市名称、六项污染参数、AQI 指数与相应污染等级等预报数据信息。图 6 - 16 为预报数据一览表。

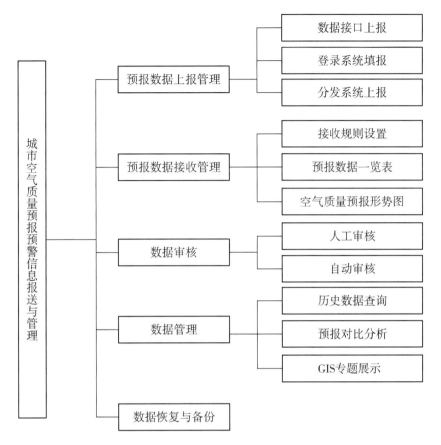

图 6-15 城市空气质量预报预警信息报送与管理功能结构

上报时间	预报时间	AQI指数	AQI等级	首要污染物	PM₂.₅浓度（μg/m³）	落款信息	附件名	状态	操作
2016-03-28	2016-03-29	55~80	良	细颗粒物(PM₂.₅)、臭氧8小时	35~50	惠州市环境保护监测站		未上报	上报 编辑
2016-03-25	2016-03-26	41~61	优~良	臭氧8小时	24~40	惠州市环境保护局		未上报	上报 编辑
2016-03-22	2016-03-24	23~48	优	—	15~33	惠州市环境保护局		未上报	上报 编辑

图 6-16 预报数据一览表

（3）空气质量预报形势图。系统具备空气质量预报形势图展示功能，能够接入省级预报系统生成的区域空气质量预报形势图，并在电子地图上展示。

6.4.3 数据审核

（1）人工审核。可根据城市名称查询预报预警结果数据，在审核界面中实现对预报预警数据的订正，并能够对异常数据进行标识。

（2）自动审核。系统能够对城市上报的 AQI 数值范围、污染物浓度等数据进行自动审核。同时，提供自动审核功能的参数配置功能，可设定自动审核功能的执行时间点、有效数据范围等。

6.4.4 数据管理

（1）历史数据查询。选择任意时间跨度，对特定城市预报预警的原始数据与订正数据进行查询，并能够导出查询结果。

（2）预报数据比较。可选择城市名称、时间段等查询预报预警原始数据、订正的 AQI 指数、空气质量等级等预报数据和相应的实测数据，并统计准确率，生成统计图形及导出图片。图 6 - 17 为预报数据比较示意图。

发布时间	预测时间	预报方案	监测值	多模式择优		
				预报值	绝对误差	相对误差
2016-03-14至2016-04-13模型预报准确度				63.9%		
2016-03-14	2016-03-14	000小时预报	47	34~69	0	0
2016-03-15	2016-03-15	000小时预报	80	57~92	0	0
2016-03-16	2016-03-16	000小时预报	40	--	--	--
2016-03-17	2016-03-17	000小时预报	55	50~85	0	0
2016-03-18	2016-03-18	000小时预报	75	54~89	0	0
2016-03-19	2016-03-19	000小时预报	63	45~80	0	0
2016-03-20	2016-03-20	000小时预报	63	62~82	0	0
2016-03-21	2016-03-21	000小时预报	52	52~87	0	0
2016-03-22	2016-03-22	000小时预报	60	39~68	0	0
2016-03-23	2016-03-23	000小时预报	37	44~79	7	0.189
2016-03-24	2016-03-24	000小时预报	30	48~83	18	0.6

图 6 - 17 预报数据比较示意图

（3）GIS 专题展示。可按时间查询预报数据，并以 GIS 专题形式对污染物浓度、AQI 及空气质量等级等预报数据进行动态展示，详见图 6 - 18。

6.4.5 数据备份与恢复

对城市上报的预报数据定时进行数据库备份，备份机制主要为本地数据库服务器备份。若遇突发故障出现数据丢失的情况时，调用备份数据进行数据恢复操作。

6.5 预报信息多渠道发布

通过网站、手机 APP 和微信公众号等形式将各地级市的空气质量预报预警信息，如首要污染物、AQI 指数、健康指引等信息向公众发布。

图 6 - 18 GIS 专题示意图

6.5.1 基于 GIS 的空气质量预报展示

对 GIS 软件进行二次开发建模，实现在后台 GIS 服务器中的计算与分析，并在前端展示中应用地图展示。详见图 6 - 19。

全省 21 个地级市未来 24 小时空气质量展示：将各地级市空气质量指数 AQI 及等级、首要污染物预报结果在 GIS 地图上展示出来，包括列表、地图缩放、拖动、浏览等。

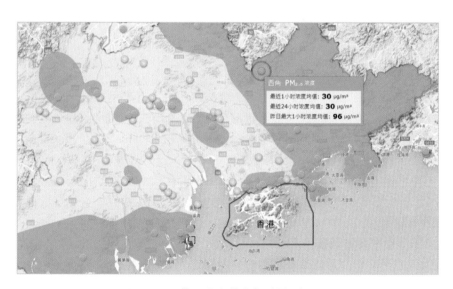

图 6 - 19 基于 GIS 的空气质量预报展示

基于预报数据产出的全省各个站点污染物预报信息，在电子地图上生成对应的插值渲染图。

6.5.2　区域空气质量形势预报网络发布

实现对全省及区域未来三天或以上的空气质量总体形势预报结果发布，并以文字、图表的形式进行展示。

信息发布内容还应包含空气质量预报发布的相关说明，说明发布的依据、内容、注意事项及常见的问题，提供与空气质量及预报相关的专业基础知识。

6.5.3　城市空气质量预报网络发布

以数据列表、曲线和图片等形式，对各地级市未来 24 小时、48 小时、72 小时及以上的空气质量预报数据进行分类展示，内容包括城市六项污染物日均值预报结果及小时变化趋势，城市 AQI 预报数据、首要污染物预报数据、城市空气质量等级预报数据等。

6.5.4　手机 APP 及微信公众号发布

研发空气质量预报预警手机 APP 及开设微信公众号，使相关工作人员能够实时获取并发布空气状况及质量预报预警信息。

手机 APP 应设置区域、城市、地图和说明四大功能模块。实现以不同的展示方式发布空气质量实况和预报信息。

通过点击浏览广东省环境保护厅的微信公众号可以链接到微信发布的页面，展示广东省四大片区（珠三角、粤东、粤西和粤北）的空气质量预报结果。同时，以列表的形式发布全省 21 个地级市的空气质量预报结果。预报结果至少要包括空气质量级别和首要污染物。

6.5.5　手机短信服务模块

通过定时自动或临时手动推送的形式，向指定用户（如环境主管部门人员、监测与预报技术人员、第三方运行维护人员或特定群众等）发送空气质量监测实况、预报、预警及空气质量排名月报等各类信息。手机短信服务流程见图 6 - 20。

6.5.5.1　日常空气质量预报结果报送

以手机短信的形式，向指定人员推送广东省分片区空气质量预报结果，同时用文字描述全省 21 个地级市六项污染物浓度（部分或全部）、AQI 指数、空气质量等级和首要污染物等预报结果。

6.5.5.2　空气质量预警信息报送

发生大气重污染事件并达预警级别时，向指定人员报送空气质量预警提示信息。

6.5.5.3　城市实时空气质量报送

对广东省 21 个地级市实时六项污染物浓度、实时 AQI 及昨日 AQI 数据进行监控与信息推送。城市实时空气质量报送示意图见图 6 - 21。

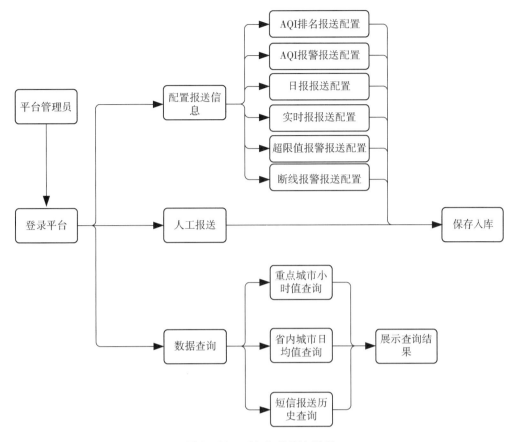

图 6-20 手机短信服务流程

图 6-21 城市实时空气质量报送

6.5.5.4　城市空气质量排名信息报送

统计并推送各城市空气质量本月截至报送当日在全国的排名情况，推送环保部及省环保厅发布的城市空气质量月度或季度排名信息，并提供可任选城市、日期范围的服务，方便用户查询城市各污染物（CO、SO_2、NO_2、$O_3 - 8h$、$PM_{2.5}$、PM_{10}）浓度小时值、日均值及 AQI 指数、空气质量等级，并可绘制小时值、日均值统计图表和趋势图，包括时间序列曲线图、柱图、饼图、图表组合等多种样式。城市空气质量排名信息报送示意图，见图 6-22。

城市	7时AQI	空气质量类别	$PM_{2.5}$小时值（$\mu g/m^3$）	AQI省内排名	AQI国内排名
肇庆市	18	优	12	7	18
揭阳市	32	优	17	16	59
清远市	20	优	8	8	21
广州市	20	优	12	8	21
东莞市	23	优	16	10	29
佛山市	40	优	28	21	91
惠州市	13	优	9	2	4
珠海市	33	优	22	18	70

图 6-22　城市空气质量排名信息报送示意图

6.5.5.5　断线与超限值报警短信报送

（1）断线提醒。当发生空气质量监测网络大部分站点断线、预报预警发布子系统未更新或其他子系统停止运行等故障的情况时，自动向系统维护人员发送提示短信。

（2）超限值报警。当站点的 AQI 和污染物浓度值都超出设定的限值时，向指定接收者发出报警信息。采用基于 AQI 指数和污染物浓度数值定时检查的方式对空气质量进行监控，在使用限值作为监控指标的同时，引入站点数量百分比、超限时长等作为联合判断的依据，从而降低由于单个站点特殊情况引起的干扰，使超限值报警更加准确。

（3）每日自动监控预报预警系统工作进度，提示空气质量预报信息发布工作延时情况。

（4）自定义短信提示内容并设置定时发送。

6.5.5.6　手机短信模板编辑

通过后台业务系统，对推送短信内容的模板进行自定义配置和编辑。

6.5.5.7　短信发送设置

针对城市实时空气质量、日常预报、预警信息、排名信息、定时提醒等不同属性与类型的信息，分别设定推送对象，实现短信群发功能；并设置定时发送，实现在指定时间对信息的推送。手机短信报送示意图，见图 6-23。

（a）日报短信报送效果图

（b）实时短信报送效果图

图6-23 手机短信报送示意图

6.5.5.8 数据查询

系统后台为用户提供特别关注的省外城市污染物浓度日均值查询、省内城市污染物浓度日均值查询、排名信息查询、短信报送历史查询等功能。

第7章 区域空气质量预报视频会商系统建设

可视化视频会商网是空气质量视频会商的基础支撑。随着环境监测业务及其信息化的发展，业务数据流越来越细化和复杂化，由简单的帧中继发展为互联网、政务内网、政务外网、卫星专线、VPN 专网、环保部专网等网络的混合。因此，前期的网络建设规划十分必要。

7.1 视频会商网规划设计

广东省空气质量预报业务会商系统分为省市两级，省环境监测中心负责省级会商中心暨泛珠三角（华南）区域预报中心的组织建设，以会商中心为平台，组织开展大气重污染联合会商；各城市根据本市实际，负责建立所属城市的空气质量业务会商中心和系统。省市两级视频会商中心与国家会商中心无缝对接。图 7-1 为国家空气质量预报预警视频会商框架。

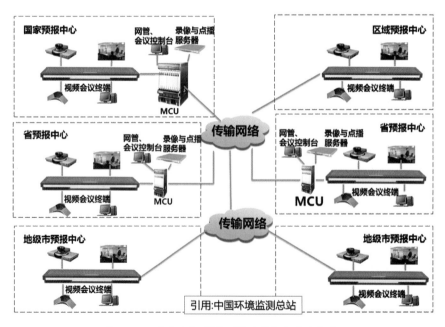

图 7-1 国家空气质量预报预警视频会商框架

对区域空气质量视频会商网络统一进行规划，网络须能综合传输处理数据、语音、文字、图表、动态图像。结合省市及国家的要求，通过路由完成数据出口转发任务，利用防火墙等设备实现访问控制、地址转换、多种模式接入，建立 SSL VPN 隧道核心业务专网；同时，由省中心和各级监测站的安全设备管理系统进行统一管理和监控。建设重点是全省网络混合组网方式和网络测试模式。视频会商网络选用以 VPN 为核心的隧道建网，利用网络进行有效规划和安全管理，确保资源的共享和协调以及各业务系统之间的交叉与融合，最大程度发挥网络支撑作用。图 7 − 2 为区域空气质量视频会商网规划方案。

图 7 − 2　区域空气质量视频会商网规划方案

7.2　会商中心建设内容

7.2.1　视频会商系统建设

　　会商中心的建设核心在于视频会议系统。系统要求在现有的网络基础上实现先进的基于 VPN 网络的高清视频会议与多媒体数据交互功能。通过该系统，国家、广东省和 21 个地级市之间能实现点对点、一点对多点、多点对多点的实时远程高清视频会议和远程培训等。

　　（1）省中心配置。在广东省会商中心部署 1 台 MCU、1 台 S 会议管理平台、1 台录播服务器、1 个防火墙，由中心点会议管理平台统一管理和实现全网资源的统一调度。MCU 支持 1080P、720P、4CIF、CIF 视频会议终端接入，MCU 负责将省主会场、所有地级市会场视频终端的码流进行处理与转发，并且与原国家环保部视频会议系统进行数字级联，从而实现互联、互通、互控。

省级3个业务视频会商室均配置一体化视频会商设备，支持双流会议，视频会议设备通过IP传输网络与中心机房MCU连接。

在省一楼数据会商中心大厅配置1套高清视频终端，配置2台高清摄像机（分别布置于会场主席台正前方与观众席后方），设置视频终端多路视频输入输出接口，方便会场视频信号输入输出。

配置多个Desktop软件终端，方便互联网络移动终端（PC、手机、PAD）灵活接入。

（2）地市配置。在各地市会商中心配置1套高清终端，支持双流1080P 30fps会议，视频会议设备通过IP传输网络与省级MCU连接，配置1台一体化高清摄像机和1套麦克风。有条件的地市可以配置MCU，自动级联省级MCU，由省中心点会议管理平台统一管理，实现全省视频网络资源的统一调度。

7.2.2　显示屏系统配置

大屏显示系统一般由大屏拼接墙、图像处理系统及控制系统组成。目前一般有液晶拼接、等离子拼接、融合等几种模式，省市级应结合视频会商中心的功能及预算情况选择合适的大屏系统。下面以广东省级视频会商中心为例，阐述显示系统的功能和定位情况。详见图7-3至图7-5。

图7-3　液晶屏组合的业务化会商系统

图 7 - 4　等离子大屏组成的重污染应急会商中心

图 7 - 5　融合组成的培训型会商中心

7.3　网络测试模式

　　系统建设期间，为保障省市视频会商系统使用的稳定性，先部署省级 MCU，建立以 VPN 为网络核心的会商系统，在有条件的地级市进行连通测试，地级市根据测试结果，对建设方案、网络环境等进行调整。在省市搭建测试的物理和网络环境，严格按照流程进行测试。图 7 - 6 为测试流程。

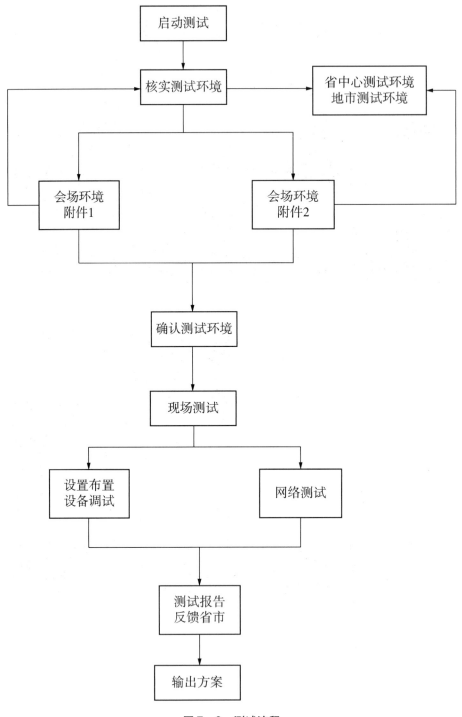

图 7 –6 测试流程

7.4　会商系统的联调与对接

　　珠三角区域空气质量预报预警中心目前是全国三大区域预报中心之一，须与湖北、湖南、广西、福建、海南各省进行视频会商，因此，需要构建区域 VPN 专网并对现有的多点控制单元进行扩容。为推动完成华南区域成员单位（广东、广西、福建、海南、湖北、湖南）的业务会商系统扩展，需要建立一套业务信息共享展示系统，将分布于各部门的业务系统统一接入会商网络，并实现视频会商系统的联合调试与对接。图 7－7 为视频联通测试拓扑图。

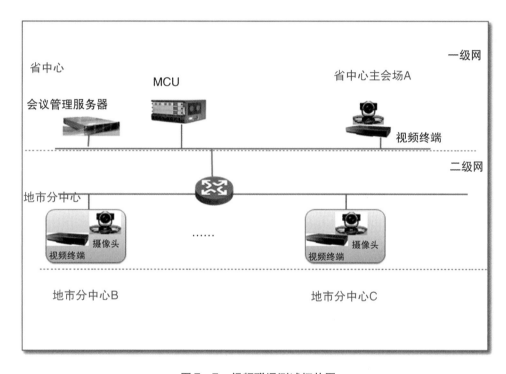

图 7 - 7　视频联通测试拓扑图

第8章 区域空气质量预报业务平台总体集成

8.1 建设思路

多功能高精度区域空气质量监测与预报系统平台是开展广东省空气质量预报预警工作的载体和核心。该平台通过集成现有四套监测网络,实现大气排放源清单、空气质量数值预报与统计预报系统的数据接入与管理,提供大气污染综合分析与预报辅助功能,从而服务于空气质量管理和日常预报与信息发布业务。

区域空气质量监测与预报预警系统平台主要包括多源多维数据及产品的集成与管理、多模式数值预报系统和统计预报模型集成、大气污染综合分析与可视化、预报辅助工具等功能模块。

8.2 多源多维数据及产品的集成与管理

针对空气质量自动监测网络、立体监测网络、气象数据、数值模式与排放源清单等多种数据,建立并完善现有数据接入规范与信息交换标准,开发数据接口,实现多源多维数据的有效接收,以便后续数据进一步存储、处理、分析与应用。

8.2.1 空气质量常规监测网络数据集成

统一接收和处理现有的珠三角大气复合污染立体监测网(8 个区域站和超级站)多参数监测数据、粤港澳珠区域空气质量监测网六项参数监测数据,以及广东省城市空气质量监测网(即国控点)六项参数监测数据,实现监测数据的统一管理和网络化质控管理。

8.2.1.1 珠三角大气复合污染立体监测网集成

系统接收珠三角区域站和超级站的实时监测数据,具体功能如下:

(1)常规仪器数据集成。接收六项常规污染物(SO_2、NO_2、PM_{10}、CO、O_3、$PM_{2.5}$,下同)、气象参数的监测数值,并以折线图或二维报表的形式展示,详见图 8-1。

(2)气态污染物综合观测仪器数据集成。接收气态污染物综合观测仪器的数据,包括 NO_y 分析仪、$CH_4/NMHC$ 分析仪、CO_2 分析仪和 VOCs 分析仪等监测仪器的监测数

图 8-1 常规仪器数据集成示意图

值，并以折线图或二维报表的形式展示。

（3）颗粒物综合观测仪器数据集成。提供颗粒物综合观测仪器的数据集成功能，包括 PM_{10} 监测仪、黑炭监测仪、气溶胶浊度计和 GAC - 颗粒物等监测仪器的监测数据，并以折线图或二维报表的形式展示。

（4）立体监测仪器数据集成。接收立体监测仪器数据，包括光学厚度、PM_{10} 浓度、消光系数等监测仪器的监测数值，并以折线图或二维报表的形式展示。

（5）超级站数据综合分析与展示。系统提供超级站数据集成与分析功能，包括时间序列分析和相关性分析。

1）时间序列分析：可选择不同的监测项目及不同的时间跨度进行时间序列分析，并以图像化界面进行显示。图 8-2 为污染物时间序列性分析设置示意图。

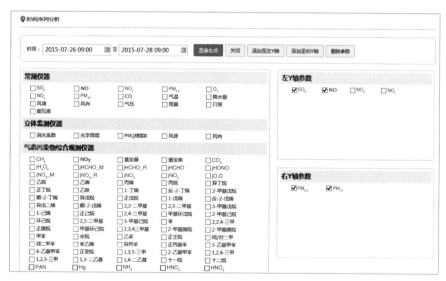

图 8-2 污染物时间序列性分析设置示意图

2）相关性分析：可选择不同监测项目及不同的时间跨度进行相关性分析，并以图像化界面进行显示。图 8-3 为污染物相关性分析示意图。

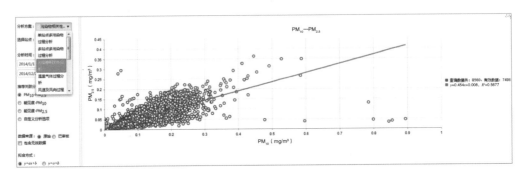

图 8-3　污染物相关性分析示意图

8.2.1.2　粤港澳珠区域空气质量监测网集成

具备对香港和澳门监测站点的数据入库与统计功能，支持粤港澳实况发布。具体功能至少包括监测数据查询、数据统计与分析、网络化质控。

（1）监测数据查询。系统提供粤港澳珠区域空气质量监测网络的监测数据集成查询功能，提供多站点多监控因子在指定时段的小时值和日均值查询功能。可以通过对时间段、六项常规监测污染物项目的筛选，查看特定时间内的相关数据，并以图表等多种形式展示。图 8-4 为监测数据查询示意图。

图 8-4　监测数据查询示意图

（2）数据统计与分析。对粤港澳珠区域空气质量监测网络的监测数据进行统计与分析，可查询城市空气质量情况，其中，数据分析包括单站点多污染物分析、多站点多污染物参数分析等，并以报表的形式展示。图8-5为数据统计与分析示意图。

单参数多站点小时值日报						
监测项：SO₂ 站点：广雅中学,九龙镇龙 日期：2015-08-15 数据源：○审核 ●原始 ○发布 Q 查询 X 导出 Excel						
时间	广雅中学	九龙镇龙	麻碟沙	平均值	最大值	最小值
2015-08-15 01:00	0.068	0.094	0.004	0.055	0.094	0.004
2015-08-15 02:00	0.033	0.038	0.004	0.025	0.038	0.004
2015-08-15 03:00	0.009	0.009	0.004	0.007	0.009	0.004
2015-08-15 04:00	0.081	0.023	0.004	0.036	0.081	0.004
2015-08-15 05:00	0.069	0.019	0.004	0.031	0.069	0.004
2015-08-15 06:00	0.069	0.013	0.004	0.029	0.069	0.004
2015-08-15 07:00	0.057	0.009	0.005	0.024	0.057	0.005
2015-08-15 08:00	0.088	0.026	0.005	0.04	0.088	0.005
2015-08-15 09:00	0.010(TS)	0.078	0.005	0.042	0.078	0.005
2015-08-15 10:00	0.085	0.044	0.005	0.045	0.085	0.005
2015-08-15 11:00	0.053	0.095	0.005	0.051	0.095	0.005
2015-08-15 12:00	0.072	0.008(r)	0.006	0.039	0.072	0.006

图8-5 数据统计与分析示意图

（3）网络化质控。支持对粤港澳区域空气质量监测网络的站点仪器质量控制工作进行任务集中式管理，以实现质控工作的流程化和自动化，可通过平台远程对仪器执行零跨检查、零跨校准、精度检查、进度检查和多点校准等质控工作。远程质控指令下达后，系统提供以执行合格次数、执行达标率、数据获取率为标准的质控结果评价功能，形成网络化质控评价结果。图8-6为网络化质控示意图。

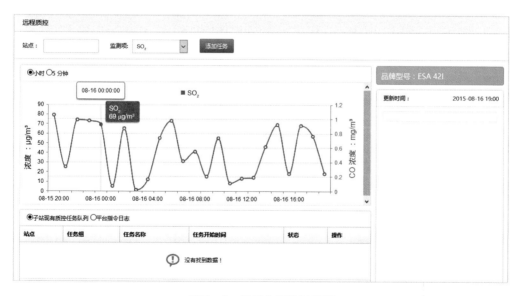

图8-6 网络化质控示意图

8.2.1.3 广东省城市空气质量监测网集成

接收广东省102个国控自动监测子站的实时监测数据。具体功能与粤港澳珠区域空气质量监测网络集成类似，至少包括监测数据查询、数据统计与分析和网络化质控。

8.2.2 大气组分监测数据集成

实现珠三角区域大气二次污染成分监测数据的统一管理。具体功能包括二次气溶胶空间和时间分布分析、网络化质控管理。

（1）二次气溶胶空间和时间分布分析。展示珠三角$PM_{2.5}$和VOCs二次组分源解析结果，继而获得二次气溶胶的空间和时间分布特征，以掌握O_3空间分布及其前体物VOCs和NO_x的特征，并帮助了解高污染季节污染传输路径与O_3生成过程。

（2）网络化质控管理。通过$PM_{2.5}$和VOCs手工采样、样品运输、样品保存、成分分析和数据处理等过程，针对二次成分网，系统得出监测分析结果的不确定度、准确度、精密度等重要质量控制数据。

8.2.3 气象数据的获取与集成应用

多站点、多参数、多尺度、长期连续的气象观测资料和预报分析资料，是区域空气质量预测预报工作的必要参考，能为大气污染原因分析和趋势判断提供数据支持。因此，对实况气象数据和预报气象数据需要分别进行存储和集成。

8.2.3.1 实况气象数据

通过中国气象数据网下载获取国家级地面自动气象观测站逐小时监测数据，站点覆盖广东省的86个国家自动站，其包含的气象要素见表8-1。

表8-1 国家自动站实况气象数据所含要素

要素ID	要素含义	要素单位
PRS	气压	百帕
PRS_Sea	海平面气压	百帕
PRS_Max	最高气压	百帕
PRS_Min	最低气压	百帕
WIN_S_Max	最大风速	米/秒
WIN_S_Inst_Max	极大风速	米/秒
WIN_D_INST_Max	极大风速的风向（角度）	度
WIN_D_Avg_10mi	10分钟平均风向（角度）	度
WIN_S_Avg_10mi	10分钟平均风速	米/秒
WIN_D_S_Max	最大风速的风向（角度）	度
TEM	温度/气温	摄氏度（℃）
TEM_Max	最高气温	摄氏度（℃）
TEM_Min	最低气温	摄氏度（℃）

续表 8-1

要素 ID	要素含义	要素单位
RHU	相对湿度	百分率
VAP	水汽压	百帕
RHU_Min	最小相对湿度	百分率
PRE_1h	降水量	毫米

同时，与广东省气象局签订合作协议，共享获取以下数据：

（1）国家自动站日照数据：日照时数（单位：0.1 小时）。

（2）太阳辐射数据，包括总辐射、净全辐射、直接辐射、散射辐射、反射辐射、紫外辐射的辐照度（单位：W/m^2）等。

（3）高空数据，包括不同高度（地面层、标准层、对流顶层、最大风层、温度特性层）的气压（hPa）、位势高度（标准等压面层）、温度（℃）、气温露点差、风向（度）、风速（m/s）。

（4）广东雷达拼图和广东站点探空图。探空图站点包括清远和汕头站点。图 8-7 为清远探空图。

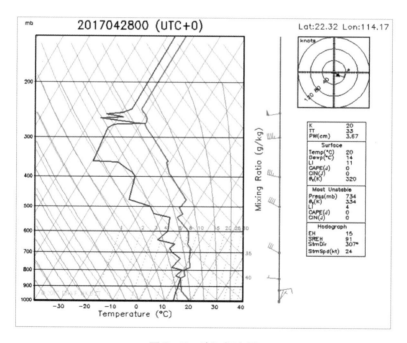

图 8-7　清远探空图

另外，通过中央气象台公布的数据，下载和存储如下数据：

（1）城市天气实时数据。包括广东省 21 个地级市的降雨量（mm）、气温（℃）、气压（hPa）、湿度（%）、体感温度（℃）、风速（m/s）和风向（度）的小时值以及 21 个城市的降雨量（mm）、气温（℃）、气压（hPa）、湿度（%）、最高温度（℃）、最低温度（℃）、风速（m/s）和风向（度）的日均值。

（2）500 hPa、700 hPa、850 hPa、925 hPa 高度场和风场、湿度场。

（3）风云二号气象卫星云图，时间分辨率为 30 分钟。

其他数据来源还包括：中国香港天文台地面天气形势图和卫星云图、韩国气象局地面天气形势图等。

8.2.3.2 预报气象数据

（1）通过欧洲中期天气预报中心（ECMWF）的公开资料，获取未来 1～7 天 500 hPa 高度场和 850 hPa 温度场形势图。

（2）下载和存储中央气象台的基础预报产品、数值模式预报产品和气象公报。包括未来 1～7 天的欧亚大范围高空和地面天气形势图及各气象要素数据，如各层次的"风场""湿度场""气压场"等。详见表 8－2。

表 8－2　中央气象台气象预报产品

序号	模块	类型	时间
1	基础天气预报	1～7 天全国降水量预报	1～7 天
		1～7 天全国气温预报	1～7 天
		1～7 天城市天气预报	1～7 天
		1～3 天空气污染扩散气象条件预报	1～3 天
2	数值模式天气预报	T639L60 模式预报（500 hPa、700 hPa、850 hPa 高度场、风场、湿度场，700 hPa、850 hPa 水汽通量、水汽输送、流场、海平面气压场）	1～7 天
		地面天气形势预报图	1～7 天
3	气象公报	强对流天气分析	1～2 天

（3）获取 WRF 气象数值模式预报产品。包括地面、500 hPa、700 hPa 和 850 hPa 气压面图，地面风场与降水预报图，空气质量监测点位对应的垂直风廓线、温湿度叠加图片，各气象要素小时预报数据等。图 8－8 为模式预报的某空气质量监测点位垂直风廓线及温湿度曲线。

8.2.3.3 气象数据的应用

（1）日常空气质量预报预警工作。利用实况及预报的高低空总体天气形势，如高空槽脊、副热带高压、中低层切变线、各层风场及辐合线、相对湿度场、地面降水及天气现象等进行天气形势分析；利用雷达回波拼图、探空图等分析实时降水强度，大气层结稳定性状况，每层大气温湿状况、垂直风切变、风向风速及高低层风向转变等，辅助研判空气质量实况及其未来发展趋势，修订数值模式预报结果。

（2）空气质量预报回顾、预测及月度、季度环境隐患分析。定期开展一周空气质量回顾和预测会商，形成本周天气形势及空气质量趋势分析结果；开展每月和每季度会商及诊断，分析大气污染特征以及下月、下季度广东省环境空气质量隐患，归纳总结过去一段时间内的天气形势、风场、气温、相对湿度、辐射、日照等气象要素情况，并与

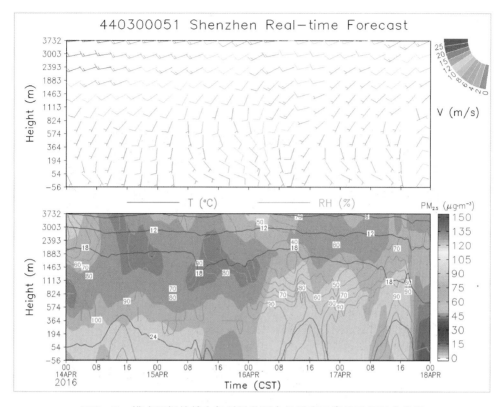

图8-8　模式预报的某空气质量监测点位垂直风廓线及温湿度曲线

污染物浓度及 AQI 变化进行对比分析，形成典型天气及污染事件记录。

（3）重污染过程大气污染形势及潜势分析。大气重污染天气发生过程中，分析 500 hPa、700 hPa、850 hPa 及地面天气形势，根据风场、温度场、气压场、探空图、激光消光系数图、气团后向轨迹、污染气团来源及其他气象要素数据，对污染过程气象成因进行解释说明，分析研判污染过程未来发展趋势，并将相应的特征情况录入大气污染案例库。

（4）用于城市大气污染物预报指导。针对某个具体的城市，统计具体某种污染物出现重污染时段的气象要素，如夏季臭氧高污染时段的温度、湿度和日照等情况，形成统计报告，帮助预报员更好地开展臭氧污染的预报工作。

（5）为统计预报模型引入气象数值预报数据。目前的统计模型使用网站上自动抓取的气象资料，预报数据存在一定的局限性，可选用数值模式产生的气象资料，为统计预报模型提供稳定的、时间分辨率更高的气象输入参数。

（6）天气形势与污染事件统计模型。根据历史数据，分析广东省本地多年天气形势状况对空气质量的影响，根据总体天气形势、地面风向风速等，对高空及地面天气形势进行分型，找出天气形势、各层风场条件、其他气象要素条件和空气质量级别及首要污染物类别之间的一般对应关系或定性规律，得出天气形势分型与污染事件类型对应的统计模型。

8.2.4 城市摄影与能见度数据集成

系统接入城市摄影系统，能够获取站点的实时室外拍摄照片以及站点室内实时监控录像信息，提供浏览与查询功能。接入站点能见度监测数据，提供查询与导出功能。图8-9为能见度拍摄示意图。

图8-9　能见度拍摄示意图

8.2.5 监测站点网络化质量管理

监测站点网络化质量管理要求具备站点布局与网络概况浏览、超级站运行状态、站房环境信息监控与站房巡检管理、质控名录与质控任务管理、远程控制、标气传递、流量传递、臭氧标准传递记录管理、标气管理、备品备件管理、设备管理与仪器管理信息配置等功能。

（1）远程质控。对子站仪器质量控制工作进行远程任务集中式管理，以实现质控工作的流程化和自动化，可通过平台远程对仪器执行零跨检查、零跨校准和精度检查等质控工作。图8-10为远程质控示意图。

（2）质控报表一览。提供质控结果一览的功能，系统直观地展示各个站点监测项目的仪器运行或异常情况。

（3）质控报表查询。提供质控结果报表查询功能。可查询不同的站点、不同的质控项目在不同时间跨度的质控结果，查询的结果包括站点名称、开始时间、结束时间、任务组、任务名称、质控结果、目标值、响应值、误差、警告限和控制限等。

（4）站房环境信息监控。提供站房环境信息监控功能，能够实时监控站房的环境、仪器的状态。图8-11为站房环境监控示意图。

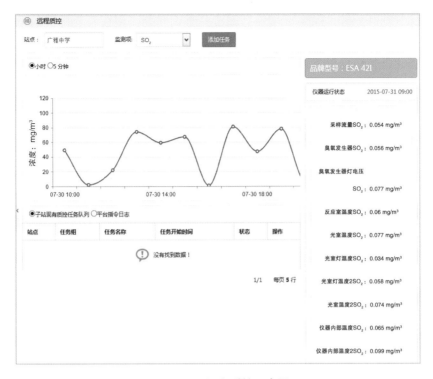

图 8-10　远程质控示意图

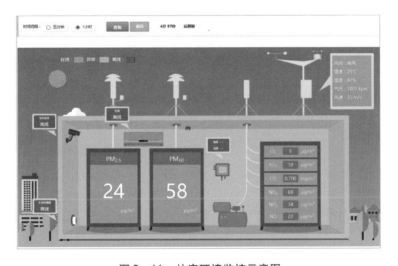

图 8-11　站房环境监控示意图

（5）站房巡检。提供站房巡检报告管理功能，能接收子站业务人员填报的站房巡检记录表，可按照不同站房和不同时间段来展示巡检报表情况。

（6）数据回补。支持数据回补功能，可通过平台远程下达回补指令，让子站回补满足指令条件的信息。

（7）仪器信息配置。提供仪器信息、量程信息、保管人信息和借用单位信息的配置功能。

（8）标气信息配置。提供标气信息配置的查询功能，包括各类标气的浓度和更换日期等。

（9）备品备件信息配置。提供各类监测仪器备件信息配置的查询功能，包括各类备件的库存、购置日期、使用情况等。

8.3 多模式数值预报系统和统计预报模型集成

8.3.1 数值模式预报结果集成与信息展示

模式数据主要包括 WRF-Chem、NAQPMS、CAMx 和 CMAQ 四种模式输出的六项常规污染物浓度数据和气象场数据。

业务平台通过数据接口调用和解析数值模式预报结果。数据接口采用"应用名称 +用户名 +用户密码 +IP 白名单验证"等方式来保证系统服务的安全。用户请求接口时必须符合以上 4 个条件才可获取服务接口的响应数据。数据接口主要提供气象要素（包括风向、风速、温度、湿度、大气压和降水）、六项污染物浓度及其空气质量分指数（IAQI）、环境空气质量指数（AQI）等。

每个模式每日产生城市（或站点）污染物小时数据、日均浓度数据、城市（或站点）气象要素小时数据、污染物空间分布数据等，产品数据量约为 400 兆。

业务平台解析数据接口数据后，获得网格浓度、站点和城市时间序列浓度、AQI 指数与首要污染物等信息，并以表格、折线图、GIS 渲染图等形式展示预报产品，详见图 8 - 12 至图 8 - 18。

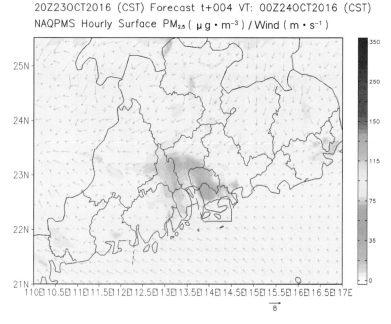

图 8 - 12 污染物小时浓度空间分布图（以 NAQPMS 模式 PM$_{2.5}$为例）

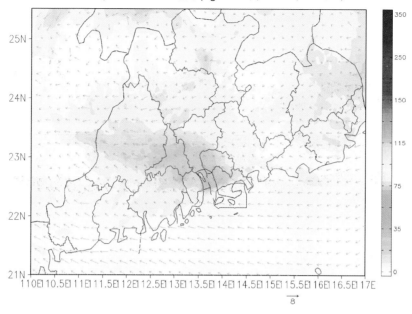

图 8 - 13　污染物日均浓度空间分布图（以 NAQPMS 模式 PM$_{2.5}$ 为例）

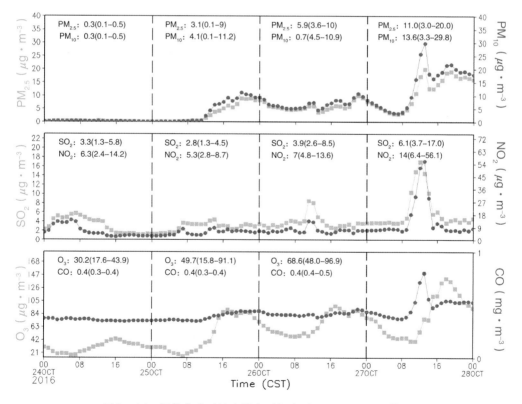

图 8 - 14　污染物小时浓度站点时间序列图（NAQPMS 模式）

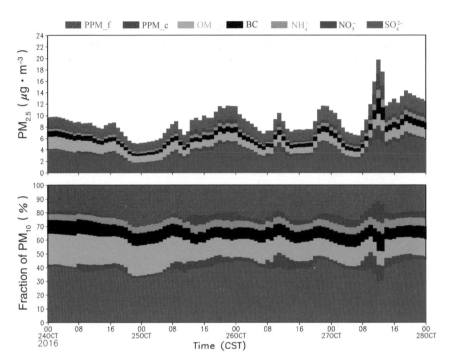

图 8 – 15　颗粒物组分序列图（NAQPMS 模式）

20Z23OCT2016 (UTC) Forecast t+100 VT: 00Z28OCT2016 (UTC)
Aerosol Optical Depth

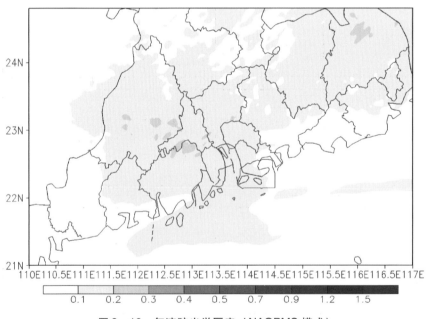

图 8 – 16　气溶胶光学厚度（NAQPMS 模式）

20Z23OCT2016 (UTC) Forecast t+100 VT: 00Z28OCT2016 (UTC)
Visibility (km)

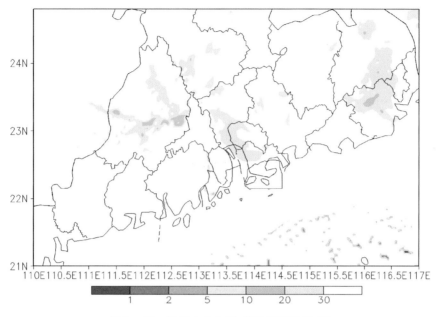

图 8-17 能见度分布图（NAQPMS 模式）

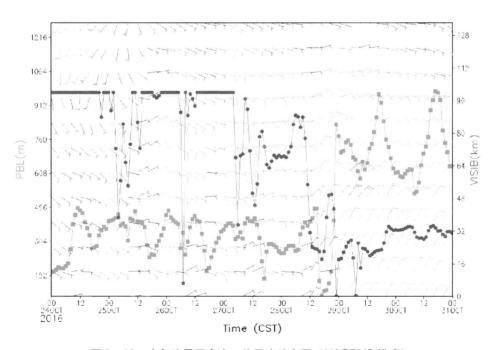

图 8-18 大气边界层高度+能见度站点图（NAQPMS 模式）

8.3.2 统计模型预报结果集成与信息展示

调用多元回归模型、同期回归模型、BP 神经网络模型和聚类回归模型等四种以上统计模型的预报结果，包括六项污染物浓度、AQI 指数、首要污染物等内容，以表格、折线图等形式展示预报历史结果，详见图 8-19。

图 8-19 统计模型城市预报结果

8.3.3 数值、统计预报及监测实况对比

提供各种数值预报模式、统计模型与空气质量实况的对比分析与统计结果，包括实况和预报数据的曲线、准确率、误差统计等。详见图 8-20 至图 8-23。

8.3.4 多要素耦合叠加展示

叠加数值预报浓度场与气象场，并采用帧动画的形式，实现空气质量与气象的同步变化动画播放。以 CMAQ、CAMx、NAQPMS、WRF-Chem 四种数值预报结果的渲染底图为基础，采用地理信息系统（GIS）图层叠加的方式，将空气质量浓度场与气象数值模式格点场相耦合，共同展示时空范围内空气质量与气象场的同步变化过程，为综合分析气象场对空气质量的影响提供直观的可视化效果。图 8-24 为多要素耦合叠加示意图。

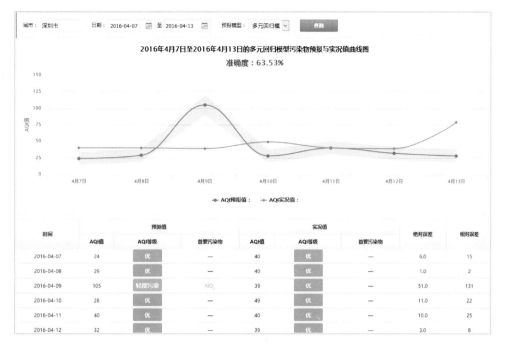

图 8 - 20 统计预报及监测实况对比（以深圳市为例）

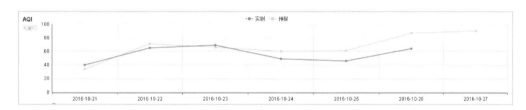

图 8 - 21 AQI 预报值与实测值对比（以 NAQPMS 模式为例）

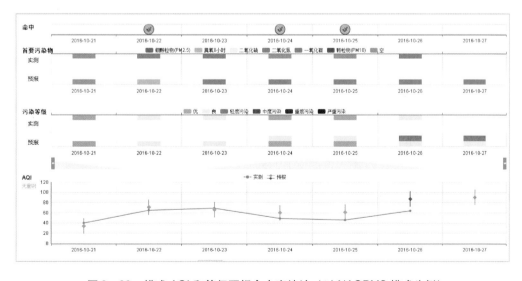

图 8 - 22 模式 AQI 和等级预报命中率统计（以 NAQPMS 模式为例）

日期	24小时正确数	24小时错误数	48小时正确数	48小时错误数	72小时正确数	72小时错误数	96小时正确数	96小时错误数	120小时正确数	120小时错误数	144小时正确数	144小时错误数	168小时正确数	168小时错误数
2016-10-21	20	0	20	0	20	0	20	0	20	0	20	0	20	0
2016-10-22	14	6	16	4	20	0	20	0	16	4	15	5	20	0
2016-10-23	17	3	16	4	7	13	0	20	7	13	17	3	11	9
2016-10-24	16	4	20	0	0	20	4	16	0	20	0	20	13	7
2016-10-25	16	4	16	4	17	3	0	20	16	4	16	4	16	16
2016-10-26	11	9	13	7	14	6	18	2	10	10	10	10	10	10
2016-10-27	-	-	-	-	-	-	-	-	-	-	-	-	-	-
准确率	78.33%		84.17%		65.00%		51.67%		47.50%		55.00%		65.00%	

图 8-23　24～72 小时模式预报准确率统计（以 NAQPMS 模式为例）

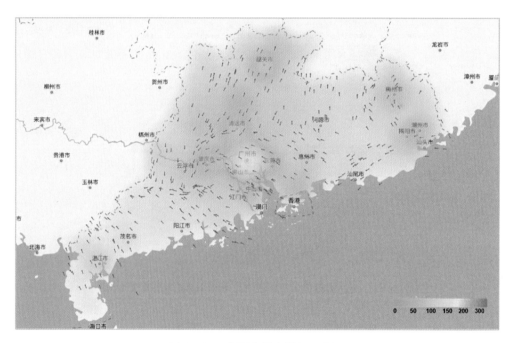

图 8-24　多要素耦合叠加示意图

8.3.5　数据接口自动化运行维护与可视化管理

实现数值模型产品获取的自动化运行维护与可视化管理。通过对每一个环节进行日志记录，提供图形用户界面，对当前的作业状态进行展示，通过鼠标操作可查看作业状态、改变作业状态、暂停作业、重启作业、结束作业和改变作业间依赖关系等。当出现硬件或操作系统软件问题而导致作业失败时，监控系统可以重新提交作业；当作业失败时，以电子邮件或手机短信（需要相关设备支持）的方式及时通知值班人员进行处理。图 8-25 为模式自动化运行维护与可视化管理示意图。

	作业名称	开始时间	结束时间	作业状态	执行结果	操作
☐	高空要素图抓取	2015/08/26 0:00:00	2015/08/26 0:00:00	执行中	执行成功	重启 暂停
☐	高空要素图抓取	2015/08/26 0:00:00	2015/08/26 0:00:00	执行中	执行成功	重启 暂停
☐	高空要素图抓取	2015/08/26 0:00:00	2015/08/26 0:00:00	已执行	执行失败	重启 变更
☐	风场图抓取	2015/08/24 0:00:00	2015/08/24 0:00:00	已执行	执行成功	重启 变更
☐	风场图抓取	2015/08/24 0:00:00	2015/08/24 0:00:00	执行中	执行成功	重启 暂停
☐	高空要素图抓取	2015/08/21 0:00:00	2015/08/21 0:00:00	执行中	执行成功	重启 暂停
☐	数值模型接口气象数据下载	2015/08/24 0:00:00	2015/08/24 0:00:00	已暂停	执行失败	重启 恢复
☐	统计模型数据生成	2015/08/23 0:00:00	2015/08/23 0:00:00	已暂停	执行成功	重启 恢复
☐	数值模型接口污染物数据下载	2015/08/23 0:00:00	2015/08/23 0:00:00	已执行	执行成功	重启 变更
☐	统计模型数据生成	2015/08/23 0:00:00	2015/08/23 0:00:00	执行中	执行成功	重启 暂停

每页 10 20 50 行 1/1

图 8-25 模式自动化运行维护与可视化管理示意图

8.4 大气污染综合分析与可视化

耦合气象数据、实况数据、预报数据、后向轨迹、溯源分析等信息,在平面电子地图上进行二维显示,实现点、线、面甚至多维数据的立体可视化动态显示。同时以图片、统计图和数据列表的形式,展示各类数据信息。

实现与监测网络系统数据的对接,从全国城市空气质量实时监测数据平台、背景站和区域站数据管理平台的数据库中读取在线监测数据。包括实况监控与历史查询、数值模式源解析、气象预报产品、区域空气质量多维展示、区域大气污染轨迹分析、会商审核与发布、预警管理、预报日志、预报评估、大气重污染案例库等。

8.4.1 空气质量实况展示与历史查询

提供全省各市六项污染物及 AQI 实况与历史数据,可调用小时值和日均值,通过折线图、表格和 GIS 分布图显示,提供全国各省、各城市污染物浓度和 AQI 实况与历史数据,通过 GIS 分布图显示。统计与查询全省各市空气质量阶段性排名数据。提供全省各市气象参数与气象状况实况与历史数据,可调用小时值和日均值,通过折线图和表格显示。图 8-26 为广东省各市气象实况。

8.4.2 区域空气质量预报产品多维展示

研发气象运动流场模型、二维空间分析模型和插值渲染模型,分析单个时间范围内气团运动的轨迹与方向,实现在二维地图上的空气质量实况或预报结果渲染,并将空气质量污染变化过程自动生成动态图或视频进行播放。

另外,利用空气质量数值预报模式的空间预报输出结果,在 GIS 地图中显示某一直线位置上的垂直剖面图,直观显示 $PM_{2.5}$ 等大气污染物在不同高度上的浓度差异和分布,如图 8-27 和图 8-28 所示。

图8-26　各市气象实况（以广州市为例）

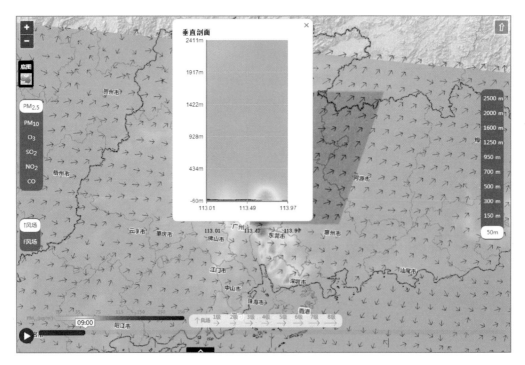

图8-27　数值模式污染物浓度预报垂直剖面图

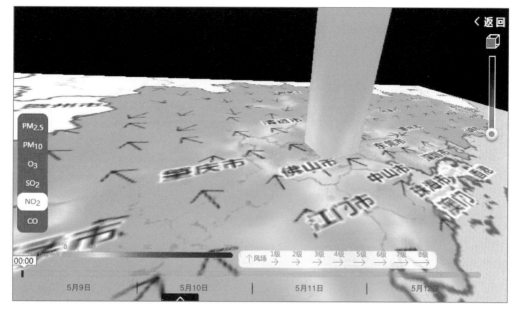

图 8-28 数值模式污染物浓度预报立体垂直剖面图

8.4.3 空气质量数值预报模式源解析

调用空气质量数值预报模式源解析结果，集成 $PM_{2.5}$ 与 O_3 污染的区域源和行业源解析与源追踪功能。通过地图和柱状图、饼图等显示某地点不同高度上各个时段的 $PM_{2.5}$ 和 O_3 浓度的行业来源和地区来源比例。

基于 NAQPMS 预报模式，搭建区域污染来源解析和追踪模块，可预报不同地区（广东省 21 个地级市和周边地区与省份）、不同行业（工业源、电厂、生活源、交通源和农业源等）污染源排放对区域内任意地点空气质量的贡献量和贡献率。追踪的污染物包括细颗粒物（$PM_{2.5}$）、可吸入颗粒物（PM_{10}）、臭氧（O_3）、二氧化氮（NO_2）、二氧化硫（SO_2）、一氧化碳（CO），以及颗粒物中的硝酸盐、硫酸盐、铵盐等。

实现的功能包括以下内容：

（1）预报未来 4 天内华南地区不同区域、不同行业污染源排放对空气质量的贡献量和贡献率。

（2）解析不同地区、不同行业污染源对近地层（0～100 m）和大气边界层（0～2 km）的主要污染物浓度的贡献量和贡献率。

以 2016 年 11 月 14 日佛山市近地层区域 $PM_{2.5}$ 来源预测为例，预测当天佛山本地产生的 $PM_{2.5}$ 比例为 56.38%，其中佛山本地二次生成占比达到了 33%，其余依次来自江门（9.78%）、广州（8.97%）和肇庆（7.16%）等地，见图 8-29。

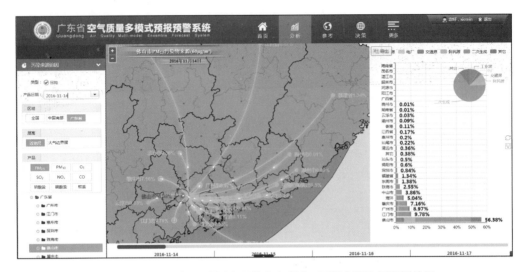

图 8-29　2016 年 11 月 14 日佛山市 PM$_{2.5}$ 区域来源比例预测结果

8.4.4　区域大气污染轨迹分析

（1）轨迹绘制与展示，可选择站点、经纬度、高度层及运动时间，计算气团历史与预测的运动轨迹线，显示过去一段时间内（如 24 小时、48 小时、72 小时等）到达目标城市的气团运动轨迹路线。详见图 8-30。

（2）结合空气质量实况监测结果，同步显示各条轨迹对应日期的空气质量等级。

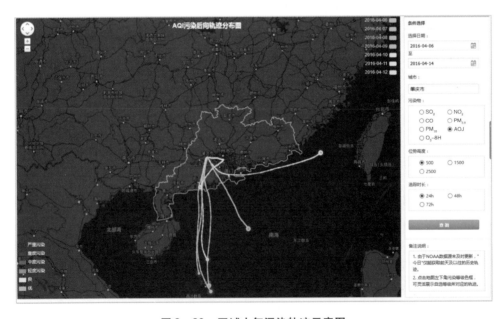

图 8-30　区域大气污染轨迹示意图

8.4.5　数据统计分析

通过采集空气质量监测数据和气象数据等各方面信息，系统积累了大量数据，如果对这些数据进行统计分析，可产生更多的应用。利用数据分析算法如对比分析、相关性分析、时空分析、聚类分析、关联分析，可实现大气污染物浓度统计分析、$PM_{2.5}$ 主要组分分析、空间分布特征分析、污染传输分析和气象场聚类分析等。

在采集到的各类数据基础上，结合关联分析、方差分析、深度学习和规则推理等多种手段，实现气象数据、空气质量监测数据、数值预报数据、污染源数据综合分析，在分析过程中，形成专家知识库，系统对污染站点的特征进行挖掘和聚类，通过时空分析、多污染关联分析等手段，为空气质量管理提供多角度和个性化业务服务。

8.5　预报辅助工具开发

8.5.1　预报参考资料一览

为方便空气质量预报员快速掌握当前或近期区域空气质量情况，在系统首页默认显示过去三天全省空气质量自动监测点位的六项污染物和 AQI 实况数据、区域和全省各市最新的预报结果、当日预报工作流程完成进度和多模式数值预报模式最近 30 天准确性表现等信息，为预报提供基础参考资料，详见图 8 – 31。

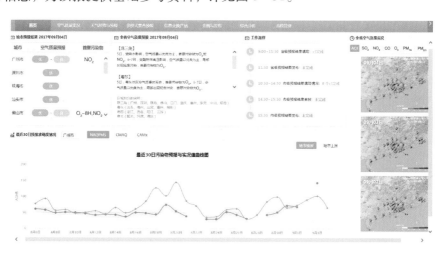

图 8 – 31　系统首页默认显示信息

8.5.2　会商、审核与发布

（1）部门间联合会商。每日区域预报结果须经过环保与气象部门的联合会商，确定之后作为指导性意见下发到各地级市预报部门。系统为气象部门等会商部门分配指定账号与权限，提供预报结果审阅、意见建议填写、签署同意等功能，可查看、导出预报结果与会签记录，详见图 8 – 32。

图 8-32　预报会签示意图

（2）省市两级会商。每日上午 10—11 时，省级预报部门将全省四大片区的预报结果上传系统，经过与气象部门进行联合会商，提供给地级市用户作为预报指导意见。地市级用户可通过登录系统首页查看指导意见及当日预报工作进度，并自行填写本市预报结果，如图 8-33 所示。

图 8-33　预报指导意见与工作进度提示

系统提供预报结果的编辑、修订与审核功能，最终确认后的预报结果可推送至会签页面、预报信息发布系统，并上报国家信息发布系统，详见图 8－34。

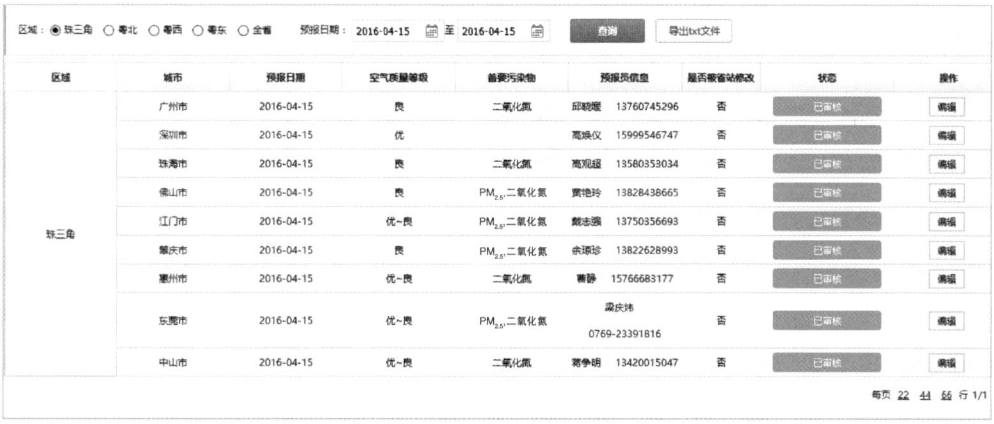

区域：珠三角 粤北 粤西 粤东 全省
预报日期：2016-04-15 至 2016-04-15
查询
导出txt文件
区域
城市
预报日期
空气质量等级
首要污染物
预报员信息
是否被省站修改
状态
操作
珠三角
广州市 2016-04-15 良 二氧化氮 邱晓曜 13760745296 否 已审核 编辑
深圳市 2016-04-15 优 高焕仪 15999546747 否 已审核 编辑
珠海市 2016-04-15 良 二氧化氮 高观超 13580353034 否 已审核 编辑
佛山市 2016-04-15 良 PM2.5,二氧化氮 黄艳玲 13828438665 否 已审核 编辑
江门市 2016-04-15 优~良 PM2.5,二氧化氮 戴志强 13750356693 否 已审核 编辑
肇庆市 2016-04-15 良 PM2.5,二氧化氮 余琼珍 13822628993 否 已审核 编辑
惠州市 2016-04-15 优~良 二氧化氮 曹静 15766683177 否 已审核 编辑
东莞市 2016-04-15 优~良 PM2.5,二氧化氮 梁庆炜 0769-23391816 否 已审核 编辑
中山市 2016-04-15 优~良 二氧化氮 蒋争明 13420015047 否 已审核 编辑
每页 22 44 66 行 1/1

图 8－34　预报结果审核示意图

（3）发布管理。查看预报发布结果、发布状态、发布渠道，以表格形式列出。具体发布渠道与形式，见本书第 9 章第 3 小节。

8.5.3　预警信息管理

（1）预警监控与提示。监控全省站点、城市的小时空气质量状况，当污染物浓度达到设定限值时，通过系统首页警示、发送短信和邮件等方式提醒预报员，详见图 8－35。

站点污染监控
1小时监控
24小时监控
全市站点24小时AQI等级分布情况
良
优
概况
最近24小时全市各站点空气质量以 优 为主
滑动24小时AQI指数范围为30~53
首要污染物以二氧化氮(NO2)为主
空气质量分布情况
空气质量为【优】的站点有河南岸金山湖子站、大亚湾管委会子站、承修路船湖子站
空气质量为【良】的站点有下埔横江三路子站、江北云山西路子站
主要污染物浓度
滑动24小时全市PM2.5浓度范围为19~29 μg/m³
滑动24小时全市PM10浓度范围为 29~40 μg/m³
滑动24小时全市O3-8H浓度范围为50~69 μg/m³

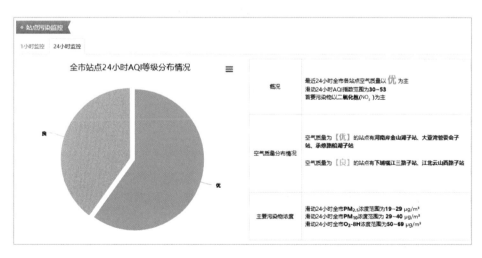

图 8－35　污染物浓度监控示意图

（2）预警发布与解除。启动或解除预警时，可编辑发布信息，并通过预报信息发布平台和手机短信等方式发送。

（3）预警记录。对以往发布的预警信息进行查看、管理，详见图8-36。

图8-36　预警设置示意图

8.5.4　预报日志

记录逐日预报与一周会商预报日志，包括值班人员、天气实况描述、天气预报描述、污染实况描述、会商意见、预报结果、人工预报准确度评价等。系统可自动读取的信息由系统自动填入，具备历史日志查询、编辑等功能。

8.5.5　预报评估

选择时间段、范围、评估对象（如统计模型、数值模型和人工预报等）和评估指标（如气象、污染物等），以统计图表的方式显示预报值与实测值之间的偏差和准确度等指标，详见图8-37。

图8-37　预报评估示意图（以NAQPMS模式为例）

8.5.6　系统支持与管理

　　提供站点属性管理、监测项目管理、城市属性管理、用户管理、系统日志、系统配置等功能，实现省市两级与跨部门、管理者与专业技术人员等多层次、多类型的用户角色分配与账户权限管理。用户还可根据自身需求自定义系统菜单显示模块及顺序，如图8-38所示。

图8-38　自定义系统菜单显示模块及顺序

下编
系统示范应用

随着业务需求的逐步细化，在开展空气质量预报系统建设的同时，同步开展了区域空气质量预报业务机制与体系建设，包括编制和完善预报流程规范与工作手册，建立一周空气质量预报回顾与预测的会商和周报制度，并与气象部门建立常态化合作机制，开展例行预报会商与重污染事件会商。同时，形成广东省区域大气典型污染过程案例库，规范空气质量评价技术方法；开展区域颗粒物与臭氧污染预报方法研究，基于区域大气污染物排放源清单和数值模型的污染来源解析研究，以及基于数值模型的空气质量模拟与评估等，增强了区域预报业务能力，为不断提高预报准确性打下坚实基础。本编主要围绕业务机制建设和系统示范应用展开详细讨论。

第9章 区域空气质量预报业务机制与体系

区域空气质量预报业务职能部门应与业务发展情况、能力建设情况和预报技术队伍建设情况相结合，逐步建立空气质量预报业务机制，并基于广东省区域和城市空气质量现状特点，依托预报预警平台系统，分阶段实现向公众发布广东省空气质量预报信息的目标。基于《环境空气质量预报预警业务工作指南》等相关文件，结合广东省区域空气质量预报预警业务工作的实践，制定了广东省区域空气质量预报预警相关业务规范和技术规定。本章将从预报技术规则、预报工作流程、预报会商流程与信息发布等方面介绍广东省区域空气质量预报业务，并对预报值班制度、预报回顾与展望周报制、重污染分析简报制、预警机制及会商合作等工作制度和规范进行简述。

9.1 空气质量预报业务内容与规则

本节主要介绍广东省省级区域预报业务内容、预报范围以及预报信息的表述规则。

9.1.1 业务主体

全国环境空气质量预报业务体系分为"国家-区域-省级-城市"四级，以广东省环境监测中心为主体，承担广东省省级区域预报业务。其业务内容主要包括：①省级空气质量预报预警平台建设；②全省区域空气质量预报结果报送与发布；③数据信息共享与预报会商；④各地级以上城市预报工作技术指导等。

9.1.2 预报时段与内容

目前，广东省区域环境空气质量预报业务预报时段为"未来三天"，即预报日为T，预报时段为T＋1、T＋2和T＋3日。如若为重大节假日或污染应急时段，则视情况增加未来一周空气质量污染变化趋势预判，内部业务预报还包括未来一周空气质量预报和月度空气质量潜势预报。预报内容包括全省区域未来三天空气质量等级（含跨级）及首要污染物。

9.1.3 预报区域分区规定

根据广东省区域地理位置、空气质量特征，将21个地级市分为四个预报分区，分别为：珠三角地区、粤东地区、粤西地区和粤北地区。其中，珠三角地区包括广州、深圳、珠海、佛山、江门、肇庆、惠州、东莞、中山9市；粤东地区包括汕头、梅州、汕尾、潮州、揭阳5市；粤西地区包括湛江、茂名、阳江、云浮4市；粤北地区包括韶关、清远、河源3市。

9.1.4 预报表述规则

进行广东省四大区域空气质量预报时，其表述须遵循一定的规则，下文从污染区域空间范围、大气扩散条件、空气质量等级变化和首要污染物四方面进行表述。

（1）空间范围及方位表述。每个预报区域分区内用"个别""局部""大部""整体"来表征污染区域的空间范围，并根据区域分区内污染城市所占比例进行界定。其中，"个别"表示区域分区内城市个数小于区域内城市总数的三分之一，"个别"多用于全省污染形势转折期间，极少数城市空气质量等级变化出现空间差异时的表征描述；"局部"表示区域分区内城市个数小于区域内城市总数的二分之一；"大部"表示区域分区内城市个数大于区域内城市总数的二分之一，且小于其总数的三分之二；"整体"表示区域分区内城市个数大于区域内城市总数的三分之二。

对于预报分区内污染程度出现明显的空间差异的情况，采用空间方位进行表征。这种情况常见于珠三角地区，一般情况下，"珠三角中西部"指的是广州、佛山、肇庆3市，"珠三角西南部"指的是珠海、江门、中山3市，"珠三角东部"指的是深圳、惠州、东莞3市。

（2）大气扩散条件表述。当预报周期内出现典型天气形势（如副热带高压、冷空气南下、台风等）时，大气扩散条件可能发生显著变化，空气质量等级会因此出现较大程度的波动，可于预报结果中适当增加有关提示语。

例如：预计，台风"艾利"9日夜间到10日折向西南方向移动，趋向海南东部海面，强度逐渐减弱，珠三角10日受其影响有明显降水。则10日的珠三角区域空气质量预报可表述为：

【珠三角】10日，受台风外围雨带影响，珠三角地区空气质量优至良，其中，南部以优为主。首要污染物为$PM_{2.5}$或NO_2。

（3）空气质量等级变化表述。空气质量等级范围以空气质量指数（AQI）划分，采用单个空气质量等级或跨级预报描述区域内的污染程度。根据预报情况，可使用"优""良""轻度污染""中度污染""重度污染"及"严重污染"等单级别预报，或使用"优至良""良至轻度污染""轻度至中度污染""中度至重度污染""重度至严重污染"等跨越一个级别的预报。

（4）首要污染物表述。区域预报结果中的首要污染物指的是区域内所有城市首要污染物出现次数最多的污染物类型。首要污染物可以预报单个污染物，或至多两种污染物并列。

9.2 空气质量预报工作流程

预报员每天开展例行预报工作，基于空气质量实况监测背景，以天气形势及大气扩散条件分析为基础，以数值预报产品为主要参考，辅以源排放及各地实际经验进行人工订正，跨部门会商审核后签发。在整个区域预报过程中，省级预报部门和各地市预报员保持沟通、相互配合，做好省市两级预报会商、预报产品下发和预报信息上报的衔接工作。

具体流程分为以下六步（简称"六步法"）：①空气质量实况分析；②大气条件分析与预测；③模式预报结果分析；④历史相似案例对比；⑤预报客观订正；⑥会商审核与签发。

9.2.1　空气质量监测实况分析

查看国家及全省空气质量发布等平台，根据环境空气质量实时监测数据，分析过去一周全省各地区空气质量级别、主要污染物浓度、空间分布及其影响程度，了解历史实况及当前最新实测变化情况，掌握近期空气质量污染特征与变化范围。

9.2.2　大气条件分析与预测

重点查看不同高度场（500 hPa、700 hPa、850 hPa、925 hPa）和地面的东亚地区天气形势图、降雨量分布预测图和城市天气预报等信息，根据区域尺度天气系统和主要气象要素（风向、风速、湿度、温度等）预测和判断大气扩散条件或大气污染物生成转化速率。

9.2.3　模式预报结果分析

查看广东省空气质量预报预警系统平台，重点分析数值模式（NAQPMS、CAMx、CMAQ 和 WRF-Chem）的预报结果，包括污染气象条件、主要气象要素预报结果分析、空气质量状况及变化趋势分析等内容，辅以统计模型的结果，结合国家监测总站下发的区域预报指导产品进行综合判断。

9.2.4　历史相似案例对比

统计广东省区域历史污染案例，鉴于在大气污染源排放相对稳定的情况下，天气形势对大范围大气污染起到重要作用，预报员进行预报时，重点从主导天气形势和气象特点等方面筛选相似案例，通过对历史相似大气重污染案例的分析对比，来对当前大气污染形势进行合理推理和预判。

9.2.5　预报客观订正

结合空气质量历史情况、环境空气质量实时监测网络的主要污染物最新实测变化情况、天气形势分析和模型预报综合分析，关注突发性污染源或特殊时段排放源活动（包括节假日期间机动车变化、烟花爆竹、秸秆焚烧、城市大型点源排放变化等），订正污染物浓度的增减量、空气质量级别及首要污染物类型。

9.2.6　会商审核与签发

值班预报员得出区域预报结果初步结论后，经与气象部门和各市预报联合会商，形成最终区域预报结果，每日上午11:00前填报信息发布系统并报送全国及珠三角空气质量预报联网信息发布管理平台，完成全省区域未来三天及珠三角区域未来五天预报结果的网站发布。同时，每日 15:30 前审核各地级以上城市空气质量预报结果，并报送广东省气象台，实现并完成各市预报结果的电视发布。

9.3 空气质量预报信息发布

9.3.1 信息发布历程

2014 年底，广东省开始面向公众发布每日珠三角区域空气质量预报信息，发布内容包括未来三天空气质量等级、首要污染物与总体变化趋势。同时与广东省气象部门建立日常会商制度，通过广东省环保公众网、省气象台、中国环境监测总站和省环境监测中心的官网进行联合发布。2015 年 9 月起，扩展为发布全省分片区（珠三角、粤北、粤西、粤东）空气质量预报信息。

2015 年，珠三角 9 市及粤北地区的韶关市均完成了空气质量预报预警系统建设任务，并按照《广东省空气质量预报预警系统和源解析业务体系建设工作方案》的要求，面向公众发布各市空气质量预报信息，其他城市也不同程度地开展了预报能力建设和内部业务发布工作。

2016 年 4 月和 6 月，省环境监测中心积极拓展发布渠道，在"珠江频道"和"广东卫视"两个电视频道，分别发布次日全省分片区和 21 个地级以上城市的空气质量预报信息。

2016 年底，新增手机 APP、微信公众号和内部手机短信等多种发布形式，不断扩展服务范围、提高服务时效性，为大气环境管理、社会生产和人民生活提供更加及时有效的信息指引。

9.3.2 多种信息发布渠道

9.3.2.1 网站发布

公众登录广东省环境保护厅公众网、广东省气象台、中国环境监测总站和广东省环境监测中心官网（网站页面图片见图 9 - 1 至图 9 - 3），可分别查询广东省分片区未来三天预报结果和 21 个地级以上城市的次日空气质量预报信息，更新频率为每天一次。

图 9 - 1 广东省环境保护公众网空气质量预报信息发布页面

广东省空气质量预报信息

【珠三角】30日，珠三角地区空气质量以优良为主，31日-1月1日，空气质量以良为主，首要污染物主要为PM$_{2.5}$或NO$_2$。

【粤东】30日，粤东地区空气质量以优良为主，31日-1月1日，空气质量以良为主，首要污染物为PM$_{2.5}$或PM$_{10}$。

【粤西】30日，粤西地区空气质量以优良为主，31日-1月1日，空气质量以良为主，首要污染物为PM$_{2.5}$或PM$_{10}$。

【粤北】30日，粤北地区空气质量以优良为主，31日-1月1日，空气质量以良为主，首要污染物为PM$_{2.5}$或PM$_{10}$。

区域划分的说明：

珠三角：广州、深圳、珠海、佛山、江门、肇庆、惠州、东莞、中山、顺德

粤东：汕头、梅州、汕尾、潮州、揭阳

粤西：湛江、茂名、阳江、云浮

粤北：韶关、河源、清远

发布单位：广东省环境监测中心

广东省气象台

发布时间：2015年12月29日

图9-2　广东省环境监测中心网站空气质量预报信息发布页面（区域）

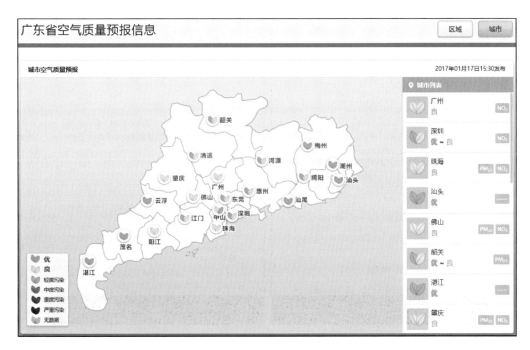

图9-3　广东省环境监测中心网站空气质量预报信息发布页面（城市）

9.3.2.2 手机应用程序（APP）信息发布

公众通过扫描二维码或在手机应用商店搜索"广东省空气质量实况与预报手机发布系统"来下载 APP，在 APP 页面里即可查询到我省各片区未来三天空气质量预报结果和 21 个地级以上城市的次日空气质量预报信息，更新频率为每天一次。（见图 9-4）

区域预报结果：用户可点击片区选项菜单，动态切换各片区，查看各片区的预报结果。空气质量等级的文字描述，会根据不同空气质量级别，以不同颜色进行展示（颜色按国家规范标准设置），并根据预报的空气质量级别，自动展示出对应的健康影响和建议措施。同时以文字的形式对四大片区（珠三角、粤东、粤西和粤北）进行预报描述。点击片区标题后的问号图标，可查看各片区所包含的城市。

城市预报结果：系统通过手机的定位设置，自动定位手机所在的城市，并依据定位信息，自动显示对应城市的城市预报结果，包括空气质量等级、首要污染物和对应的健康影响及建议措施，用户可通过点击城市标题切换查看其他城市的预报结果。

城市实况小时值：广东省各站点空气质量实况信息发布（包括六项污染物、AQI 和首要污染物）。

城市历史数据：将城市过去 24 小时空气质量变化情况及过去 7 天空气质量实况信息以折线图和柱状图等形式进行展示。

图 9-4　广东省空气质量实况与预报手机发布系统页面

城市预报列表将全省 21 个地级市的预报结果以列表的形式进行展示，内容包括空气质量等级和首要污染物。

地图模块由城市预报、城市实况和站点实况 3 个功能页面组成，实现以空间的形式描述空气质量实况和预报信息。

9.3.2.3 微信公众号信息

公众可通过关注"广东环境保护"微信公众号，点击"微发布"→"空气质量"查询广东省城市空气质量实况、各片区未来三天空气质量预报结果和 21 个地级以上城市次日空气质量预报信息。实况信息的更新频率为每小时一次，预报信息的更新频率为每天一次，详见图 9-5。

图 9-5 广东省空气质量实况与预报微信公众号发布页面

9.3.2.4 电视台信息发布

为拓宽发布渠道，方便群众及时了解空气质量预报信息，广东省环保厅与省气象部门合作，在"广东卫视"和"珠江频道"等电视频道的天气预报节目中，统一发布空气质量预报信息。"珠江频道"的"新闻眼"栏目发布次日全省四大片区的总体空气质量预报，"广东卫视"的天气预报节目发布次日全省 21 个地级以上城市的空气质量预报，发布频率均为每天一次，详见图 9-6。

图9-6　珠江频道"新闻眼"栏目空气质量预报

9.4　空气质量预报值班工作制度

为了保证预报工作顺利有序开展，采用分组轮流审核的预报值班制度，预报员合理搭配分组，每天配置主班和副班两名预报员。主班预报员负责组织全天预报、跟踪预报流程、组织内部会商、审核各市预报结果；副班预报员参与每天区域预报内部会商，负责填写"每日会商分析记录"和"预报结果评估表"两份文件，并配合主班编写区域大气污染过程分析与预测简报等分析材料。另外，在污染多发、污染较重时段，须根据实际情况，适当增加值班预报员和会商预报员数量协助研判，并进行空气质量加密会商。

9.5　一周空气质量预报回顾与预测制度

为提高预报员专业技能，在空气质量预报实践中不断积累有益经验，实行空气质量预报回顾与预测周报制度。每周一开展一周空气质量预报会商，内部全体预报员参加会商，并由主班编写"一周空气质量预报回顾及本周预测"报告，交由下一周主班审核。

会商内容包括：回顾过去一周气象和污染形势实况，统计等级预报和首要污染物预报准确率，分析污染成因及其影响因素，评价一周预报表现，总结错报和漏报的原因，了解近期空气质量预报表现和掌握历史实况及其影响因素等；同时，预测未来一周天气形势，并对未来一周的大气扩散条件、污染形势变化趋势、空气质量等级和首要污染物类别做出预测和判断。

9.6 空气质量中长期回顾与预测机制

在空气质量预报的实践中，除了每日开展空气质量预报结果分析与评估，每周进行"一周空气质量预报回顾及本周预测分析"外，还要对中长期的情况进行潜势分析和展望，包括每月进行环境空气质量隐患风险分析，每季度进行季度空气质量预测分析。主要工作包括：对往年同期和上一月、上一季度的情况进行总结，展望未来一个月或一个季度的气候情况和其他影响因素，预判总体空气质量变化趋势。

另外，依托于粤港两地合作的珠江三角洲地区空气质素管理计划研究项目，回顾分析珠三角区域主要污染物的减排结果，以及对远期空气质量（如 2015—2020 年）进行模拟预测，确立中长期污染物总量减排方案和目标，并结合空气质量模拟结果评估减排目标的可达性。

结合例行的每日、每周的空气质量分析，逐步形成区域空气质量短—中—长期回顾与预测机制。

9.7 空气质量污染分析简报制度

当广东省呈现区域性大气污染时，若每个预报分区同一天 3 个以上城市出现轻度污染或全省不止 1 个城市出现中度污染，则由当值主班组织内部会商，重点关注区域大气污染现状、区域大气污染原因分析和区域大气污染潜势预测等内容；并编写《广东省区域大气污染过程分析与预测简报》，经科室负责人审核后报送至广东省环境监测中心、广东省环境保护厅大气处、监测处及相关负责人。污染时段内，每日报送一份快报，可根据污染形势加密发送频次，直至区域空气质量改善回落至优良水平方可结束报送。

9.8 空气质量预警业务机制

9.8.1 珠三角区域大气重污染应急预案

为规范珠江三角洲区域大气重污染应急响应机制，提高大气重污染防范与应对能力，最大程度控制和减缓大范围长时间大气重污染造成的危害，广东省政府发布了《珠江三角洲区域大气重污染应急预案》，内容主要有：坚持"以人为本、预防为主，区域统筹、属地管理，及时预警、快速响应，部门联动、社会参与"的工作原则；当发生跨地级以上市行政区域大气重污染事件时，由省人民政府成立珠江三角洲区域大气重污染应急领导小组，负责统一领导、指挥区域大气重污染应急处置工作，各成员单位根据应急响应级别，按照省领导小组的统一部署和各自职责，配合做好大气重污染的应急处置工作。

省环境保护部门根据空气质量监测实况，结合气象条件及各地环境保护部门上报的大气重污染预警信息进行综合研判，组织相关成员单位和专家对空气质量及气象条件进行会商分析和污染潜势预测。当预判达到Ⅱ级预警启动条件时，由省领导小组办公室报请省领导小组副组长决定实施Ⅱ级预警措施；当预判达到Ⅰ级预警启动条件时，由省领导小组办公室报请省领导小组组长决定实施Ⅰ级预警措施。具体措施与要求详见应急预案。

大气重污染是指环境空气质量指数（AQI）大于或等于201，即空气质量达到5级以上污染程度的大气污染。城市大气重污染分为严重污染和重度污染两级。其中，城市严重污染是指城市空气质量指数（AQI）大于300；城市重度污染是指城市空气质量指数（AQI）在201～300之间。

（1）珠三角区域大气重污染分级标准如下：按照区域大气重污染的危害程度、可控性和影响范围，区域大气重污染分为严重污染（Ⅰ级）和重度污染（Ⅱ级）两级。

1）严重污染（Ⅰ级）事件。珠三角区域三分之一以上面积且50%国控监测站点出现持续72小时的严重污染。

2）重度污染（Ⅱ级）事件。珠三角区域三分之一以上面积且50%国控监测站点出现持续72小时的重度污染。

（2）珠三角区域大气重污染预警分级标准如下：按照区域大气重污染的发展趋势、严重性和紧急程度，区域大气重污染预警级别由高到低分为Ⅰ级预警和Ⅱ级预警，分别用红色、橙色标示。

1）Ⅰ级预警。当空气质量预报未来将出现区域严重污染时，启动Ⅰ级预警。

2）Ⅱ级预警。当空气质量预报未来将出现区域重度污染时，启动Ⅱ级预警。

9.8.2 珠三角及全省区域预警工作流程

目前，除珠三角区域以外，广东省其他三个区域（粤东、粤西、粤北）和全省范围均尚未形成区域层次的大气污染应急处置方案；但在大气重污染分级标准、预警分级标准、预警措施等方面，可在一定程度上参考《珠三角区域大气重污染应急预案》的要求。

当全省出现区域性大气重污染时，若各个预报分区同一天三分之一以上城市达到轻度污染或全省不止1个城市出现中度污染，则由当值主班在日常会商的基础上，组织邀请气象部门值班预报员进行加密会商，重点关注区域大气污染现状、区域大气污染原因分析和区域大气污染潜势预报等内容；并编写《广东省区域大气重污染监测预警会商快报》，经科室负责人审核后报送至广东省环境监测中心领导及广东省环境保护厅大气处和监测处。污染时段内，每日报送一份快报，可根据污染形势加密发送频次，直至空气质量水平回落至优良方结束报送。

当预测各个预报分区可能出现三分之一以上城市达到重度污染，则除了编写《广东省区域大气重污染监测预警会商快报》，编制重污染天气预警会商意见记录表外，还须请示中心分管负责人，提请广东省环境保护厅大气处和监测处组织部门会商，必要时邀请珠三角区域大气重污染应急顾问组相关专家进行预警会商。

9.9 空气质量预报会商合作机制

9.9.1 与气象部门共同会商

为共同推进环境空气质量预报预警和大气重污染应急等工作，充分发挥环保和气象部门各自的技术优势和职能作用，广东省环境保护厅与省气象局进一步加强了部门合作，通过举办常规会议、签订部门合作协议等，共同推行空气质量预报会商与信息发布制度。具体由省环境监测中心与省气象台预报技术人员通过网络即时通讯软件、电话和视频会议来开展工作。每日开展例行预报会商，并通过网站、电视等渠道发布。

每日会商流程如下：

（1）每日上午 10 时左右，省环境监测中心预报员研判未来三天空气质量变化形势，形成预报初步结论并发起会商。

（2）10 时至 11 时，双方根据天气预报产品、空气质量数值预报产品、统计预报模型产品，以及预报经验总结等对初步结论进行会商和修订，并最终形成一致意见。

（3）11 时，双方联合发布全省各片区未来三天空气质量预报信息，同时制作供电视台播放的片区预报结果。

每季度、每年度结束之后，双方于 15 个工作日内举行季度或年度会商会议，共同探讨过去一段时间内全省空气质量和气象条件变化，预测未来一段时间的空气质量和气候条件发展状况。会议由省环保厅与省气象局共同举办，双方预报技术部门进行汇报与技术总结。

9.9.2 与市级预报部门会商

根据《广东省大气污染防治行动方案（2014—2017 年）》等相关文件要求，各地级以上城市均需完成城市空气质量预报预警系统建设任务，并开展空气质量预报业务工作。2016 年，珠三角城市以及其他先行开展预报工作的城市均已对社会公众发布辖区内空气质量预报信息。为拓展发布渠道，方便群众及时了解空气质量状况，广东省在"广东卫视"电视台的天气预报节目和环保公众网中，统一发布各城市空气质量预报信息。同时，为了加强预报技术体系建设，保持数据的一致性，提高预报质量，广东省组织了省市两级预报部门会商，主要通过预报系统平台、网络即时通讯软件和电话联络来进行例行省市会商。

省市会商流程如下：

（1）省中心上午 11 时发布全省分片区未来三天的空气质量预报信息，作为各地市空气质量预报的指导意见。

（2）上午 11 时至下午 14 时 15 分，各地市根据指导意见、本地气象预报产品和空气质量预报产品，以及预报员经验研判等，形成城市预报结论，并报送省级预报系统。

（3）14 时 15 分至 15 时 15 分，进行省市会商，由省级预报部门主班预报员于 15 时 30 分前完成审核工作；若省市会商结果与上午 11 时的预报结果存在较大差异，需再次进行部门会商并进行调整。

（4）15 时 30 分，省级预报系统自动发送预报信息邮件至气象部门指定收件箱。

（5）16 时起，由省气象部门进行影视节目制作。

（6）18 时 55 分，在"广东卫视"的天气预报节目中播出空气质量预报信息。

9.9.3 粤港澳环保部门合作

粤港环境保护部门的合作由来已久，1999—2013 年，双方展开了全面的合作，完成了"珠江三角洲空气质素研究""粤港珠江三角洲区域空气质量监控网络""珠江三角洲区域大气排放源清单""珠江三角洲空气质量管理计划（2002—2010 年、2011—2020 年）""珠江三角洲主要大气污染源排放特征""珠江三角洲 VOCs 网格化测量与来源解析"等一系列联合研究项目。这些联合研究工作为双方积累了丰富的合作经验，为珠三角地区大气污染联防联控提供了有力的科技支撑。2013 年起，粤港澳三地又联合开展了"珠三角区域空气质量预报预警技术研究"等项目。

粤港澳地区经济往来密切，且三地气象条件具有高度相关性，这成为三方合作的基础。港方希望通过合作探究珠三角地区大气污染物成因与形成机理，并提出整治方案协助粤方改善空气质量，减小双方的环境压力；澳方希望通过合作获得更大的平台，对大气污染防治技术等展开更广泛的联合研究；而粤方合作意图是向港方学习大气污染防治技术。总而言之，三地通过这些研究项目实现共赢，这也是粤港澳合作得以持续的最根本原因。今后三方会继续进行空气质量预报预警的深入合作交流。

9.9.4 泛珠三角（华南）区域合作

泛珠三角区域合作是时任广东省委书记张德江同志倡议的跨地区合作概念，涉及沿珠江流域的 9 个省和港澳地区，即"9＋2"行政地区。广东发挥着经济上的带头作用，以经济为基础展开多边广泛合作，引领了泛珠三角区域合作的开展。随着各地区经济实力的增强，各方发展形势趋于复杂化。现阶段的环保合作范畴主要围绕着生态补偿、排污权交易、环境污染责任、农村生态保护等主题，与各方经济利益密切相关。

未来的泛珠三角区域合作仍会以经济为基础，合作目的将更加理性化，从数据"打架"、互相扯皮转变为寻求各方可接受的共赢模式。而环境保护与经济发展，作为社会发展中的一对重要矛盾，其关系已受到普遍关注。因此，能否协调好各方环境保护问题，同样是各地经济发展中必须面对和解决的一个关键点。随着环境质量尤其是环境空气质量的预报预警工作日益受到重视，该工作在泛珠三角区域合作中所起的作用日渐显现，并受到三个方面因素的制约：一方面是预报预警软硬件技术和技术人员水平，一方面是行政主管部门对该工作的认识和定位，还有一方面是泛珠三角区域合作各方的诚意和方式。

目前，按照原国家环保部和国家空气质量预报中心的部署，广东省将负责牵头华南区域空气质量预测预报中心的建设和运转，区域覆盖范围暂定为广东、湖北、湖南、广西、福建和海南等六省（自治区）。2017 年起，广东省每日汇编区域内省份的预报结果，按照原国家环保部要求，逐步开展区域空气质量预报结果的例行报送工作。

第10章 空气质量预报评价技术方法

10.1 空气质量预报评价概述

目前，就评价对象而言，针对空气质量预报的评价可以分为两种：一是针对模式模拟预报结果的评价；二是针对预报员人工订正结果的评价。其中，模式预报结果评价是对一组预报结果及其对应的时间段的监测结果做出定量分析和评价，用于对模式预报产品的优劣进行分析与评价，在此基础上采取必要的措施改进模式。预报员人工订正结果的评价则是将预报员人工订正后的预报结果与实际的监测结果进行比较，对于尺度的预报，主要评估预报员对于空气质量等级和首要污染物类别的预报准确度。

从评价方法来看，空气质量预报评价可以采用定性和定量的方法进行。常用的定性评价方法有空间分布特征对比、时间序列对比、散布图和可靠性图。

空间分布特征对比方法是通过图表的形式，定性地分析模式预报结果在区域空间分布格局上与监测结果的吻合程度，相比定量的误差分析方法，空间分布特征对比法具有更为简单直观的优点。由于数值模式可以输出模拟域内最高分辨率（如 3 千米 × 3 千米）网格的空间排放量，而统计模型一般只能给出相应站点的预报结果，因此，空间分布特征对比评估方法更适合用来评估数值模型的预报结果。空间分布特征对比方法的具体步骤为：选取特定的研究时段，将该时段内数值模型输出的模拟域内污染物浓度或空气质量等级空间网格分布图，与实际监测站点、城市和区域的污染物浓度监测数据或空气质量等级监测数据的空间渲染图进行横向比较，分析模拟结果的空间分布特征（尤其是污染物浓度高值和低值分布区域）是否与实际监测结果相吻合。此外，还可以结合卫星遥感反演数据，对比不同垂直高度的污染源空间分布情况，来互相验证模式预报结果。

时间序列对比评估方法是指将特定研究时段内模型输出的预报结果（包括污染物浓度和空气质量等级）的时间序列值（小时值、日均值、月均值或年均值）与对应的观测结果进行对比，评估两者随时间变化规律是否一致，从而判断模式预报结果的准确度。时间序列通常可以反映三种实际的数据变化规律，包括趋势变化、周期性变化和随机性变化。其中，趋势变化跨越的评估时段较长，可检验模式在长期业务化运行过程中的模拟性能好坏；周期性变化和随机性变化跨越的评估时段较短，可用于分析模式输出预报结果的日变化特征，或者评估在特定的高臭氧污染和高细颗粒物污染案例中模式对污染过程的捕捉情况。相比空间分布特征对比评估方法,时间序列对比评估方法可以动态、连续地反映模式预报结果与实际观测结果的偏离程度,并且能更为直观地显示模式对于污染物浓度极值(极大值和极小值)的模拟情况,有利于预报员及时发现模式存在的问题,从而进行相应的调整。

散布图是一种最简单的检验工具。对于需要验证准确率的要素的日均值或 AQI 值,一般是将这些要素点画在一张图上,其横坐标和纵坐标分别为预报结果和实测结果,单位相同。预报和观测完全吻合的情况用 45 度角的线来表示,从处于这条 45 度线的左边或右边即可判断预报结果和实测结果谁大谁小(陈斌,2014)。

可靠性图则是从可靠性角度出发研究系统与部件之间的逻辑图,是系统单元及其可靠性意义下连接关系的图形表达,表示单元的正常或失效状态对系统状态的影响。在可靠性图中,可靠性用拟合的曲线与 45 度线的接近程度来表示,如果曲线在 45 度线以下,则表示预报过高;反之,则预报过低(陈斌,2014)。

定量的评价通常是采用误差分析方法进行,通过计算不同统计指标的具体数值,来定量评估空气质量预报结果与实测结果之间的接近程度,譬如对于模式模拟结果评价,常用的评价指标有:相关系数(R)、平均偏差(Mean Bias,MB)、平均绝对误差(Mean Absolute Error,MAE)、平均平方根误差(Root Mean Square Error,RMSE)、平均正态偏差(Mean Normalized Bias,MNB)、平均正态误差(Mean Normalized Error,MNE)、正态平均偏差(Normalized Mean Bias,NMB)和正态平均误差(Normalized Mean Error,NME)等(USEPA,2007)。而目前预报员人工订正的对象是空气质量等级和首要污染物类别,没有订正具体的 AQI 和污染物浓度数值范围,因此,本书采用统计预报准确的城市数量所占比重来评价人工订正结果的区域预报准确度。

10.2　模式预报效果评价指标及计算方法

常用于空气质量模式预报效果评价的统计参数指标如表 10 - 1 所示。其中,相关系数 R 反映预报与观测值时空变化趋势的相似程度,$R > 0$ 表示预报与观测正相关,$R < 0$ 表示预报与观测负相关。R 值越大表示预报效果越好。MB、ME、$RMSE$、NMB、NME、MFB 和 MFE 反映预报与观测量值的接近程度,各个指标均是越接近于 0 越好。其中 MB、NMB、MFB 反映预报与观测的总体偏差情况,在统计时段内各时次的正负偏差会相互抵消,其量值可正可负,正值表示预报总体偏高而负值表示预报总体偏低。ME、$RMSE$、NME、MFE 则反映预报与观测的总体误差情况,在统计时段内各时次的误差是累加的,其量值均为正,量值越大表明预报效果越差。MB、ME、$RMSE$ 反映预报的绝对偏差/误差情况,其单位与污染物的浓度单位一致。而 NMB、NME、MFB、MFE 反映预报的相对偏差/误差情况,是个比例值。NMB 和 NME 在计算时均以观测值作为基准,计算预报偏离观测值的比例。而 MFB 和 MFE 在计算时则以预报和观测的平均值作为基准,其认为观测也是存在不确定性的,并且站点观测值的代表性与模式网格平均的预报值的代表性是不匹配的。基于以上原因,有研究指出,MFB 和 MFE 更适用于评估颗粒物的预报效果。上述统计参数的计算方法详见表 10 - 1。

表 10 – 1　统计参数指标定义

缩写	名称	计算公式	量值范围
R	相关系数	$R = \left\{ \sum_{i=1}^{N} (M_i - \overline{M})(O_i - \overline{O}) \right\} / \left\{ \sum_{i=1}^{N} (M_i - \overline{M})^2 \sum_{i=1}^{N} (O_i - \overline{O})^2 \right\}^{\frac{1}{2}}$	$-1 \sim 1$
MB	平均偏差	$MB = \dfrac{1}{N} \sum_{i=1}^{N} (M_i - O_i) = \overline{M} - \overline{O}$	$-\infty \sim +\infty$
ME	平均误差	$ME = \dfrac{1}{N} \sum_{i=1}^{N} |M_i - O_i|$	$0 \sim +\infty$
$RMSE$	均方根误差	$RMSE = \left[\dfrac{1}{N} \sum_{i=1}^{N} (M_i - O_i)^2 \right]^{\frac{1}{2}}$	$0 \sim +\infty$
NMB	标准化平均偏差	$NMB = \left[\sum_{i=1}^{N} (M_i - O_i) \right] / \sum_{i=1}^{N} O_i = \left(\dfrac{\overline{M}}{\overline{O}} - 1 \right)$	$-1 \sim +\infty$
NME	标准化平均误差	$NME = \left[\sum_{i=1}^{N} |M_i - O_i| \right] / \sum_{i=1}^{N} O_i$	$0 \sim +\infty$
MFB	标准化分数偏差	$MFB = \dfrac{1}{N} \sum_{i=1}^{N} \dfrac{(M_i - O_i)}{[(M_i + O_i)/2]}$	$-2 \sim 2$
MFE	标准化分数误差	$MFE = \dfrac{1}{N} \sum_{i=1}^{N} \dfrac{|M_i - O_i|}{[(M_i + O_i)/2]}$	$0 \sim 2$

注：M_i 指第 i 时次的预报值，O_i 指第 i 时次的观测值。

10.3　人工订正预报效果评价指标及计算方法

当前阶段广东省发布的空气质量预报结果的具体内容为未来三至五天城市或区域的空气质量等级和首要污染物类别，尚未涉及具体的 AQI 指数范围或污染物浓度数值，因此，在评估人工订正的预报结果时，主要采用 AQI 跨级预报准确率和首要污染物预报准确率进行评估。具体评估方法如下。

（1）统计评估时段内，以城市空气质量 AQI 发布的有效天数（扣除因站点维护、仪器故障等原因导致的仪器断数和 AQI 无法照常发布的天数）作为评估等级预报结果的有效城次（一个城市一天的结果为一城次），则该时段内空气质量预报发布结果与当天的 AQI 实况发布结果一致的城次占总有效城次的百分比即为 AQI 跨级预报准确率。现阶段发布未来 24 小时、48 小时和 72 小时的预报结果，因此，在评估时也主要估算 24 小时、48 小时和 72 小时的 AQI 跨级预报准确率。此外，还可以通过计算统计时段内空气质量预报发布结果重于或轻于当天的 AQI 实况发布结果的城次占总有效城次的百分比，作为 AQI 跨级预报偏重或偏轻比例。

（2）统计评估时段内，以出现首要污染物的城市个数和有效天数（空气质量为优时不评价首要污染物）作为评估首要污染物预报结果的有效城次，则该时段内，首要污染物预报发布结果与当天的首要污染物实况发布结果一致的城次占总有效城次的百分比即为首要污染物的预报准确率。

10.4 广东省空气质量预报效果评价

10.4.1 广东省空气质量预报和评价基本情况

2013 年 9 月 10 日，国务院颁布《大气污染防治行动计划》，提出加强环保部门与气象部门间的合作，建立重污染天气监测预警体系，其中要求到 2014 年，京津冀、长三角、珠三角区域要完成区域、省、市级重污染天气监测预警系统建设。同年，原国家环保部下发《关于做好京津冀、长三角、珠三角重点区域空气重污染监测预警工作的通知》，提出组建京津冀、长三角、珠三角区域空气质量预报预警中心，加快推进区域空气质量预报预警系统建设，搭建区域预报预警业务平台，开展区域污染形势预报。

为贯彻落实上述行动计划，按照国家的总体部署与工作要求，广东省环境保护厅与广东省气象局合作，于 2014 年 12 月 29 日起联合向公众发布珠三角区域空气质量预报信息，内容主要包括未来 24 小时区域总体和各片区的空气质量指数等级范围与首要污染物名称，以及未来 72 小时区域空气质量的变化趋势。2015 年 9 月起，发布的空气质量预报信息扩展为广东省分片区（珠三角、粤东、粤西和粤北）未来三天的空气质量等级和首要污染物类别。在开展业务化预报工作时，主要参考多模式预报结果和气象条件预测资料，结合近期空气质量监测实况的变化趋势，由预报员进行人工订正后再与气象部门开展会商并得出最终的预报结果。因此，广东省空气质量预报评价一般从模式结果评价和预报员人工订正结果评价两个方面着手，下文将分节进行阐述。

10.4.2 广东省空气质量模式预报结果评价案例

根据上述评估指标和方法，下面以 2016 年 8 月 1 日至 2016 年 11 月 20 日广东省空气质量模式系统的预报为例，评估四个空气质量预报模式（NAQPMS、CMAQ、CAMx 和 WRF-Chem）对广东省 21 个城市六项污染物浓度的日均预报结果准确性，采用的统计指标和计算方法如下：

（1）监测数据平均值：

$$MO = \frac{1}{N} \sum_{i=1}^{N} X_{obs,i}$$

（2）预报数据平均值：

$$MP = \frac{1}{N} \sum_{i=1}^{N} X_{model,i}$$

（3）预报与监测偏差：

$$MB = MP - MO$$

（4）标准平均偏差：

$$NMB = \frac{\sum\limits_{i=1}^{N} (X_{model,i} - X_{obs,i})}{\sum\limits_{i=1}^{N} X_{obs,i}}$$

（5）相关系数：

$$R = \frac{\sum\limits_{i=1}^{N} (X_{obs,i} - \overline{X}_{obs,i})(X_{model,i} - \overline{X}_{model,i})}{\sqrt{\sum\limits_{i=1}^{N} (X_{obs,i} - \overline{X}_{obs,i})^2 \cdot \sum\limits_{i=1}^{N} (X_{model,i} - \overline{X}_{model,i})^2}}$$

（6）均方根误差：

$$RMSE = \sqrt{\frac{\sum\limits_{i=1}^{N} (X_{obs,i} - X_{model,i})^2}{N}}$$

式中：X_{obs} 为监测资料；X_{model} 为模式资料；N 为评估时段内监测数据与预报数据同时有效的天数。

最终得到的评估结果显示，各模式均能较好地反映各个污染物浓度的时间变化趋势，污染物浓度的监测值与预报值之间呈显著正相关关系。其中，$PM_{2.5}$ 和 PM_{10} 的浓度监测值与预报值之间的相关性最好，CO 和 NO_2 次之，SO_2 和 O_3 略低；四个模式中，CMAQ 和 CAMx 的污染物浓度预报值与观测值的相关性要优于 NAQPMS 和 WRF-Chem 两个模式结果。不同污染物浓度的监测值与预报值之间偏离程度不同，其中 O_3 的监测值与预报值偏差最小，除 CAMx 外，各模式的标准平均偏差基本在 ±20% 以内；$PM_{2.5}$ 和 PM_{10} 的预报值偏低两到三成；CO 的预报值偏低较多，部分城市的 NMB 低于 −50%；NO_2 和 SO_2 的标准平均偏差的局地性较强。

10.4.3　广东省空气质量预报人工订正结果评价案例

根据上述评估指标和方法，以珠三角区域 2015 年预报结果为例，利用全国城市空气质量实时发布平台发布的城市空气质量监测数据，对珠三角区域 2015 年 1 月 1 日至 2015 年 12 月 31 日的空气质量预报结果进行了统计分析和评估，得到的评估结果如表 10 − 2 和表 10 − 3 所示。

由表 10 − 2 可知，2015 年珠三角区域空气质量总体以优良为主，所占比例接近 90%，少数时段出现了轻度污染，全年占比为 9.5%，中度污染和重度污染的发生城次最少。就不同月份而言，6 月空气质量为优的占比为全年最高，其次是 5 月、7 月和 3 月；2 月空气质量为轻度污染的占比为全年最高，其次是 10 月、8 月和 1 月。

从空气质量等级预报效果的评估结果来看，2015 年珠三角区域空气质量 24 小时等级预报平均准确比例为 87.6%，相对来说处于较高的水平，而预报偏重和偏轻比例分别为 8.0% 和 4.4%。在一年之中，1 月份的空气质量等级预报准确比例为全年最高，其次是 6 月和 12 月。这主要是因为，这 3 个月份的空气质量水平总体处于较为稳定的状态（1 月以良至轻度污染为主，6 月以优为主，12 月以优良为主），极少出现大幅的跨级波动，预报员根据前后的空气质量实况变化，更容易做出准确的预判。2月份的空气质量等级预报准确比例为全年最低，仅有72.0%，而预报偏重比例却是全年最高，达22.4%。这主要是因为2月18日至24日为春节假期，预报员根据以往经验，高估了烟花爆竹和节后返程高峰给空气质量带来的影响，且节后多次出现较强降水，导致春节前后多日的预报结果偏重。

表10-2　珠三角区域空气质量等级预报效果评估

月份	有效城次	空气质量等级实况（城次占比，%）					空气质量等级预报评估（城次占比，%）		
		优	良	轻度污染	中度污染	重度污染	24小时等级预报准确比例	预报偏重比例	预报偏轻比例
1	279	10.8	71.7	16.5	1.1	0.0	96.1	3.2	0.7
2	250	28.4	49.2	20.8	1.6	0.0	72.0	22.4	5.6
3	273	51.3	46.9	1.8	0.0	0.0	82.8	11.7	5.5
4	250	41.6	48.0	9.2	1.2	0.0	86.4	4.8	8.8
5	279	71.0	28.0	1.1	0.0	0.0	86.4	8.2	5.4
6	258	84.9	15.1	0.0	0.0	0.0	93.0	7.0	0.0
7	278	62.6	30.2	5.4	1.8	0.0	91.0	1.8	7.2
8	278	38.8	41.4	17.6	1.8	0.4	87.1	8.6	4.3
9	267	32.2	48.7	16.1	3.0	0.0	86.5	9.0	4.5
10	251	23.9	55.8	18.7	1.6	0.0	86.9	8.4	4.8
11	269	35.7	60.6	3.7	0.0	0.0	91.1	7.4	1.5
12	277	46.9	48.4	3.2	1.4	0.0	92.4	3.6	4.0
年均	267	44.0	45.3	9.5	1.1	0.0	87.6	8.0	4.4

表10-3显示，2015年珠三角出现的首要污染物主要有$PM_{2.5}$、PM_{10}、NO_2和O_3-8h，除此以外，少数时段还出现了两种污染物并列为首要污染物的"双首污"情况。其中，O_3-8h作为首要污染物出现的城次为全年最多，高达800城次，且集中发生在太阳辐射较为强烈的夏秋季节，也就是7至10月份。$PM_{2.5}$作为首要污染物出现的城次为全年次高，主要集中分布在12月、1月和2月等降水较少的冬季月份。此外，NO_2作为首要污染物出现的情况也不容忽视，全年发生的城次为294，较为集中地发生在12月、3月和5月。PM_{10}作为首要污染物出现的城次仅次于NO_2，且更多地发生在1月、11月和3月。相对来说，"双首污"出现的城次较少，属于个别现象。

从首要污染物预报效果的评估结果来看，2015年珠三角区域首要污染物预报平均准确率为72.7%，低于24小时空气质量等级预报准确率，这主要与珠三角地区出现的首要污染物种类较多，情况多变且变化规律复杂，而预报发布只给出两种首要污染物的判断结果有关。对比表中不同污染物作为首要污染物实际出现的城次和预报准确的城次可知，2015 年，预报员对于珠三角 PM$_{2.5}$ 和 O$_3$ - 8h 作为首要污染物出现的情况把握得较好，基本能够预报准确，但对于 NO$_2$ 和 PM$_{10}$ 作为首要污染物出现的情况仍存在较多的误判。

结合不同月份和不同首要污染物类别的预报评估结果来看，9 月份的首要污染物预报准确率为全年最高，达 87.8%，这主要是因为 9 月份的首要污染物出现情况较为单一，主要为 O$_3$ - 8h。同理，7 月和 8 月首要污染物预报准确率也较高。而 6 月份由于空气质量较好，大部分城市和天数均为优，首要污染物出现的城次仅有 39 次，因此，总体预报准确率也比较高。相比之下，3 月和 4 月的首要污染物预报准确率为全年最低，分别只有 38.3% 和 52.7%，这主要是因为，3 月和 4 月的首要污染物出现种类最多，且不同污染物作为首要污染物出现的城次较为接近，变化规律很难准确把握，这大大增加了预报难度，导致这两个月首要污染物预报准确率明显下降。

表 10 - 3 珠三角区域首要污染物预报效果评估

月份	有效统计城次	首要污染物准确率	PM$_{2.5}$		PM$_{10}$		NO$_2$		O$_3$ - 8h		双首要污染物	
			实际出现城次	预报准确城次	实际出现城次	预报准确城次	实际出现城次	预报准确城次	实际出现城次	预报准确城次	实际出现城次	预报准确城次
1	247	80.2%	186	186	35	2	10	0	6	0	10	3
2	179	79.9%	137	137	14	0	9	0	13	0	6	6
3	133	38.3%	48	36	21	2	50	10	9	0	4	3
4	146	52.7%	19	17	14	12	14	7	96	39	3	1
5	81	56.8%	3	2	2	1	44	25	31	18	1	0
6	39	87.2%	0	0	1	0	8	6	30	28	0	0
7	104	84.6%	2	0	1	0	3	3	97	84	1	1
8	170	84.7%	10	0	3	0	19	11	136	132	2	1
9	181	87.8%	13	6	2	0	8	7	156	144	2	2
10	191	75.4%	36	30	19	0	10	4	121	105	5	5
11	173	61.8%	64	64	28	6	36	14	39	18	6	5
12	147	82.3%	63	63	15	3	60	50	4	1	5	4
年均	149	72.7%	48	45	13	11	23	11	62	47	5	3
总计	1 940	—	629	586	168	28	294	148	800	616	51	35

参考文献

[1] 陈斌. 环境空气质量预报预警方法技术指南 [M]. 北京：中国环境出版社，2014.

[2] 叶斯琪，陈多宏，谢敏，等. 珠三角区域空气质量预报方法及预报效果评估 [J]. 环境监控与预警，2016，8（3）：10 - 13.

［3］ 中华人民共和国中央人民政府. 国务院关于印发大气污染防治行动计划的通知国发 ［2013］37 号 ［A/OL］.（2013 - 09 - 10）［2016 - 06 - 10］. http：//www. gov. cn/ zwgk/2013 -09/12/content_2486773. htm.

［4］ The United States Environmental Protection Agency（USEPA）. Guidance on the Use of Models and Other Analyses for Demonstrating Attainment of Air Quality Goals for Ozone, $PM_{2.5}$ and Regional Haze, Technical Report：EPA - 454/B - 07 - 002 ［R］.［S. l.： s. n.］, 2007.

第11章 区域颗粒物与臭氧污染预报方法

颗粒物，尤其是细颗粒物，极易被人体吸入并沉淀在肺中，对人体的危害性极大，是典型的大气复合污染产物，其大气寿命长且易累积，污染作用超过了传统的大气污染物（唐孝炎等，2006）。然而，由于颗粒物来源广泛，成因复杂，受排放源和气象条件的影响很大，难以准确预测，大大增加了环境空气质量预报的难度。

11.1 颗粒物污染的影响因素

大气颗粒物污染的形成主要受两方面因素的影响：一是污染物排放水平（包括本地排放和外源输送）；二是气象条件。其中，污染物排放水平是颗粒物污染形成的决定因素。污染物排放水平骤变，包括本地排放变化或外源输送变化，都将直接导致大气颗粒物污染水平的变化。而气象条件对颗粒物的扩散、稀释和累积起重要作用，在污染源一定的条件下，颗粒物污染水平主要取决于气象条件。不少研究表明，相对湿度、降水、温度和风速是影响 $PM_{2.5}$ 与 PM_{10} 浓度的重要因素。湿沉降是大气颗粒物消除的主要途径之一，降水过程有利于颗粒物的消除，因此，降雨条件下颗粒物浓度通常比较低。然而在空气相对湿度较大且不发生重力沉降的情况下，由于空气中水汽较多，颗粒物附着在水汽中，悬浮在低空不易扩散，加之相对湿度大有利于大气中的气体通过物理化学反应转化为粒子，因而颗粒物浓度水平通常较高，颗粒物浓度表现出随相对湿度增加而升高的特征。另外，风速也是颗粒物污染的重要影响因素之一，在一定风速范围内，$PM_{2.5}$ 与 PM_{10} 浓度与风速呈负相关关系：风速大，有利于颗粒物扩散，颗粒物浓度低；反之，颗粒物浓度高。此外，还有研究结果显示，随着温度的升高，大气颗粒物浓度呈下降趋势，这主要是由于气温较高时有利于大气垂直对流，加快颗粒物扩散，颗粒物的质量浓度低；而温度较低时，近地面大气形成逆温层，不利于颗粒物扩散，颗粒物浓度升高。

11.2 颗粒物污染预报技术

人工预报是最原始的颗粒物污染预报手段，其准确性主要取决于预报员对预报地区污染物排放水平、天气条件的了解程度以及对颗粒物污染成因的认识程度，其预报结果具有较大的主观性，预报结果因人而异。污染物排放水平是颗粒物污染形成的决定因素，预报员预报颗粒物污染等级通常要定性判断未来几天污染物排放水平。一方面通过周边地区近期颗粒物污染情况，判断外源输送水平的变化情况；另一方面则通过专家判断，分析本地污染物排放水平是否有显著变化的可能。例如，春运期间，由于交通流量的加大，道路移动源污染物排放水平有所上升，则可能导致颗粒物浓度有所上升；再如，秋冬季节广东省以北地区发生较为严重的颗粒物污染，则未来几天广东省颗粒物浓度水平可能有所上升。另外，天气条件是颗粒物污染的重要影响因素，降水、风速、相对湿度、温度等气象因子也是预报员人工预报过程中需要重点关注的判据。降水、大风、高温的气象条件有利于颗粒物的扩散或消除，因而该条件下颗粒物污染通常会有所减缓，而小风、高湿的静稳状态有利于气态污染物转化为颗粒物，不利于颗粒物的扩散，因而该状态下颗粒物污染通常有所加剧。

除了使用上述经验方法以外，通过历史气象与空气质量监测数据开发基于气象因子的空气质量统计模型也是预报颗粒物污染的有效手段之一。其思路主要为：利用统计学方法分析历史气象与空气质量监测数据之间的关系，综合考虑温度、风速、降水、湿度等多种气象要素，建立颗粒物污染水平与气象要素的预报方程，将未来几天数值模式预报的气象因子作为输入，从而预报未来几天颗粒物污染水平。因此，统计预报通常适用于短期预报（如未来一至两天），而不适于长期预报，而且难以反映颗粒物污染的突变情况。

数值模型预报也是颗粒物污染预报的重要手段之一。第三代空气质量模型以"一个大气"为设计理念，考虑了排放、气象与化学反应等多种物理化学过程，理论上可以很好地预报颗粒物浓度，而且可以从机理上解析预报的结果。目前，我国相继研发了多个具有自主知识产权的空气质量模式，例如，中国科学院大气物理研究所的 NAQPMS 模式和南京大学的 NJU-CAQPS 模式等，这些模式在区域、城市空气质量的模拟预报中有了一定的应用。其中，NAQPMS 模式已在北京、上海、广州、西安、沈阳等 10 多个城市实现了实时业务预报，而以 NAQPMS 模式为核心并结合国外先进模式 CMAQ、CAMx 集成构建的多模式集成预报系统也已在京津冀、长三角、珠三角地区应用并取得较好的效果，在 2008 年北京奥运会、2010 年上海世博会、2010 年广州亚运会等重大活动的空气质量保障工作中发挥了重要的作用。然而，由于国内污染源清单和排放数据库尚不健全，污染数值预报模式起步较晚，开展包含多种尺度、多种化学传输过程和多种污染源模式的精细大气污染数值预报业务模式还需一定的时间，但基于三维空气质量模型的污染物浓度预报作为颗粒物污染的首要预报手段是必然趋势。

11.3 PM$_{2.5}$/PM$_{10}$预报案例

2016 年 2 月初，广东省出现一次轻微的大气颗粒物污染过程：2 月 7 日起，颗粒物污染逐渐形成，广东省内大部分城市环境空气质量为良；2 月 8 日，颗粒物污染程度升级，其中湛江市与云浮市空气质量达中度污染，茂名市、韶关市、清远市、广州市、惠州市、河源市、梅州市和汕尾市等地空气质量为轻度污染，其他城市空气质量为良；2 月 9 日，颗粒物污染有所缓解，广东省各地级市空气质量均为良，详见图 11 – 1。

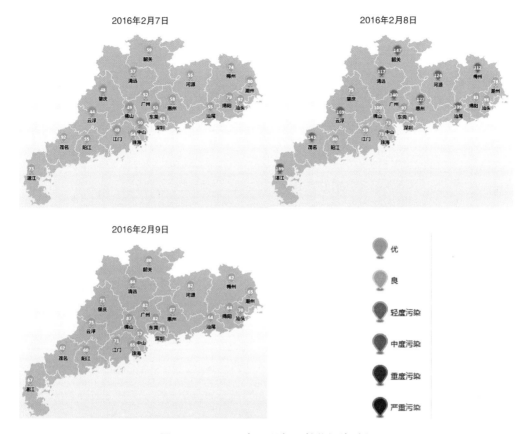

图 11 - 1 2016 年 2 月初颗粒物污染过程

气象条件的变化是本次颗粒物污染形成与消散的主要原因。2月8日，全省晴天，早晨因晴空辐射，全省大部分市县最低温度略有下降；全省共有63个市县最低温度在5℃及以下，11个市县在0℃及以下；除珠三角南部和粤北的部分市县以外，全省大部分市县出现轻雾或雾，低温、高相对湿度的气象条件不利于颗粒物污染的扩散，却有利于颗粒物的形成，因而导致颗粒物污染加剧。2月9日，全省晴天，早晨全省大部分市县最低温度略有上升，相对湿度有所下降，有利于颗粒物的扩散，因而颗粒物污染有所好转。

2月7日和9日，预报员对空气质量等级判断准确性较好（见表11-1），对首要污染物的预报准确性一般；而预报员对2月8日空气质量等级的预报准确性明显低于其他两日，2月8日正是颗粒物污染最为严重的日子，这说明就目前而言，预报员对于突发的颗粒物污染预报能力还有待提高。

表 11 - 1 2016 年 2 月初预报准确性

日期	区域	24 小时预报			48 小时预报		72 小时预报	
		等级预报	等级准确率	首要污染物准确率	等级预报	等级准确率	等级预报	等级准确率
2 月 7 日 星期日	全省	优良	21/21	9/15	优良	21/21	优良	21/21
	珠三角	优良，PM$_{2.5}$、NO$_2$	9/9	0/4	优良	9/9	优良	9/9
	粤东	优良，PM$_{2.5}$、PM$_{10}$	5/5	5/5	优良	5/5	优良	5/5
	粤西	优良，PM$_{2.5}$、PM$_{10}$	4/4	3/3	优良	4/4	优良	4/4
	粤北	优良，PM$_{2.5}$ 或 PM$_{10}$	3/3	1/3	优良	3/3	优良	3/3
2 月 8 日 星期一	全省	良	11/21	19/21	良	11/21	良	11/21
	珠三角	良，PM$_{2.5}$、O$_3$	7/9	7/9	良	7/9	良	7/9
	粤东	良，PM$_{2.5}$、PM$_{10}$	3/5	5/5	良	3/5	良	3/5
	粤西	良，PM$_{2.5}$、O$_3$	1/4	4/4	良	1/4	良	1/4
	粤北	良，PM$_{2.5}$、PM$_{10}$	0/3	3/3	良	0/3	良	0/3
2 月 9 日 星期二	全省	良轻	21/21	20/21	良	21/21	良	21/21
	珠三角	良轻，PM$_{2.5}$、O$_3$	9/9	8/9	良	9/9	良	9/9
	粤东	良轻，PM$_{2.5}$、O$_3$	5/5	5/5	良	5/5	良	5/5
	粤西	良轻，PM$_{2.5}$、O$_3$	4/4	4/4	良	4/4	良	4/4
	粤北	良轻，PM$_{2.5}$、O$_3$	3/3	3/3	良	3/3	良	3/3

11.4 臭氧污染的影响因素

臭氧是光化学烟雾污染的重要指示物，是由汽车、工厂等污染源排入大气的氮氧化物和碳氢化合物等一次污染物在太阳紫外线的照射下发生光化学反应而生成，是典型的二次污染物（Shao 等，2009）。由于其与前体物存在高度非线性关系（Zhang 等，2008），目前对于臭氧污染的预报与臭氧污染的控制都存在较大困难。

近地面臭氧污染的形成不仅与其前体物浓度密切相关，同时还受到光照和大气扩散条件等气象要素的显著影响。产生高浓度臭氧污染是多项因子的综合结果，一般在高压系统的影响下，晴天少云、紫外线辐射较强、相对湿度较低、气温较高且风速较小的情形下容易产生高浓度臭氧污染（Shen 等，2015）。在华南地区，台风等特殊天气也会对臭氧浓度有较大影响（王宏等，2011）。

11.5 臭氧污染预报技术

对于工业或交通较发达的城市，预报臭氧污染级别首先要看光照条件，若要预报的日期为阴天或有降水，则臭氧浓度级别一般为优；若是多云，则要细看云量与辐射强度，一般在南方地区夏秋季节的多云天气，GDP 规模较大的城市容易发生轻度以上的臭氧污染；若是夏秋季节晴天，则臭氧污染一般会比较严重，特别是在台风到来之前的静稳晴天，臭氧污染时常可以到达中度以上级别（Huang 等，2005）。

对于小型城市，由于排放相对较少，日照强弱与臭氧污染没有绝对的必然联系，这种情况要考虑上风向地区的输送，若待预报时段的上风向地区存在较大规模城市，且日照较强，则容易发生轻度以上臭氧污染。在夏秋季节，受台风外围下沉气流影响或在受副热带高压控制时，也容易发生轻度以上臭氧污染。

另外，臭氧污染与边界层高度没有必然的关系，用边界层的高低来判断污染物浓度的方法不适用于臭氧污染的预报。国内部分地区的研究表明，臭氧浓度与温度或湿度等气象因子有较强相关性，一般与温度正相关，与湿度负相关，但这些结论并不普遍适用于广东省的地级市。

除了使用上述经验方法以外，通过历史气象与空气质量监测数据开发基于气象因子的空气质量统计模型也是预报臭氧浓度的手段之一，如综合考虑多种气象要素，通过逐步回归建立臭氧浓度预报方程。臭氧的统计预报比较适用于短期（如未来一至两天）的预报，对于长期预报不确定性较大。

参考数值模型的结果也是未来做好臭氧浓度预报的重要手段，数值模型考虑了排放、气象与化学反应等多种物理化学过程，理论上可以很好地预报臭氧浓度，而且可以从机理上解析预报的结果（Astitha 等，2008）。但目前的源清单、化学模式与气象模拟均存在一定的简化与不确定性，未来数值模型与源清单进一步改进后，应把基于三维空气质量模型的臭氧浓度预报作为首要的预报手段。

11.6　臭氧预报案例

2016 年 7 月底，珠三角出现了一次较为严重的近地面臭氧污染事件（见图 11 – 2）。7 月 29 日起，臭氧区域污染逐日加重，到 31 日达到污染峰值，其中佛山与江门空气质量达重度污染，广州与肇庆达中度污染，另有多个城市出现了轻度污染。8 月 1 日后臭氧污染水平大大减轻。

本次臭氧污染的主要原因是在台风"妮妲"不断靠近广东的过程中（见图 11 – 3），在台风外围下沉气流的影响下，广东省多地出现晴热静稳天气，在弱东北风的作用下，珠三角地区的臭氧前体物与臭氧同时向珠三角西南部输送，导致了珠三角西南部臭氧污染严重。8 月 1 日，台风给广东省带来多云天气与降水天气，臭氧污染减轻；8 月 2 日，台风在深圳登陆，给全省带来了明显降水，全省各市的空气质量达到优。

2016 年 7 月 29 日前三天，预报员对 29 日的空气质量等级判断准确性一般（见表 11 – 2），其中 28 日对 29 日的预报结果偏重，但首要污染物的预报很准确，确定是臭氧污染；27 日对 29 日的预报准确性要高于 28 日做出的预报，26 日对 29 日的预报准确性要高于 27 日做的预报，说明对于 29 日这一天，时间越临近判断越不准确。而对于 30 日，不同天预报出来的结果类似，且准确性较 29 日有所提高。但 31 日是臭氧污染最重

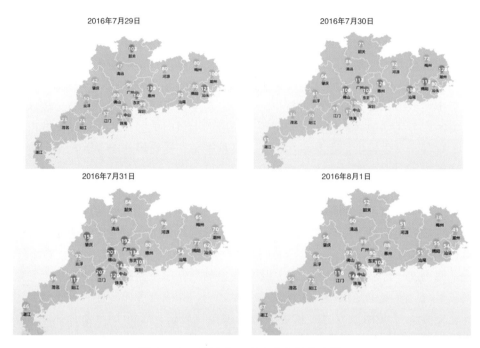

图 11 -2 2016 年 7 月底臭氧污染事件

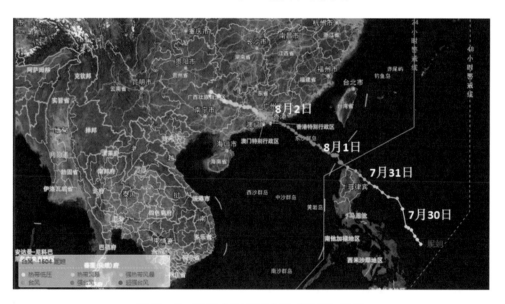

图 11 -3 2016 年 7 月底台风"妮妲"路径

的一天,预报结果明显偏轻,等级预报准确性不足 50%。尽管对这几天的首要污染物预报的准确性均达到或接近 100%,但等级的准确性却不尽人意,而且在污染最重的一天反而报出优良,错误地认为转折天气在 31 日出现。

本次臭氧污染事件没有预报准确的首要原因是在台风靠近时对台风外围下沉气流的影响估计不准确,以及对其靠近时带来的雨水预估得太重,以致过分低估了 7 月 31 日臭氧的污染水平。

表 11 - 2　2016 年 7 月底预报准确性

日期	区域	24 小时预报			48 小时预报		72 小时预报	
		等级预报	等级准确率	首要污染物准确率	等级预报	等级准确率	等级预报	等级准确率
7月29日 星期五	全省	良轻	12/21	14/14	良轻中	14/21	优良轻	17/21
	珠三角	良轻，O_3	7/9	7/7	良轻中	7/9	良轻	7/9
	粤东	良，O_3	4/5	5/5	良轻	5/5	良	4/5
	粤西	良轻，O_3	0/4	–	良	0/4	优良	4/4
	粤北	良，O_3	1/3	2/2	良轻	2/3	良轻	2/3
7月30日 星期六	全省	良轻	16/21	19/19	良轻	16/21	良轻中	16/21
	珠三角	良轻，O_3	9/9	9/9	良轻	9/9	良轻	9/9
	粤东	良，O_3	2/5	5/5	良	2/5	良	2/5
	粤西	良，O_3	2/4	2/2	良	2/4	良轻	2/4
	粤北	良，O_3	3/3	3/3	良轻	3/3	良轻中	3/3
7月31日 星期日	全省	优良	11/21	19/20	优良	11/21	优良轻	11/21
	珠三角	优良，O_3	1/9	9/9	优良	1/9	优良	1/9
	粤东	优良，O_3	5/5	5/5	优良	5/5	优良	5/5
	粤西	良，O_3	2/4	2/3	良	2/4	良	2/4
	粤北	良，O_3	3/3	3/3	良	3/3	良轻	3/3

参考文献

[1] 陈焕盛，王自发，吴其重，等. 亚运时段广州大气污染物来源数值模拟研究 [J]. 环境科学学报，2010，30（11）：2145 - 2153.

[2] 房小怡，蒋维楣. 城市空气质量数值预报模式系统及其应用 [J]. 环境科学学报，2004，24（1）：111 - 115.

[3] 费建芳，王锐，王益柏，等. 一次大雾天气下 $PM_{2.5}$ 二次无机粒子的数值模拟 [J]. 大气科学学报，2009，32（3）：360 - 366.

[4] 郭晓雷. 城市空气质量预报方法研究综述 [J]. 科技传播，2011（15）：14.

[5] 李莉，陈长虹，黄海英. 应用 Models-3/CMAQ 研究长三角区域大气污染及输送 [J]. 上海环境科学，2007，26（4）：159 - 165.

[6] 刘红年，胡荣章，张美根. 城市灰霾数值预报模式的建立与应用 [J]. 环境科学研究，2009，22（6）：631 - 636.

[7] 欧阳琰，蒋维楣，刘红年. 城市空气质量数值预报系统对 $PM_{2.5}$ 的数值模拟研究 [J]. 环境科学学报，2007，27（5）：838 - 845.

[8] 孙俊玲，刘大锰，扬雪. 北京市海淀区大气颗粒物污染水平及其影响因素 [J]. 资源与产业，2009，11（1）：96 - 100.

［9］王宏，林长城，陈晓秋，等. 天气条件对福州近地层臭氧分布的影响［J］. 生态环境学报，2011，20（Z2）：1320 - 1325.

［10］王继志，杨元琴，周春红，等. 雾霾低能见度天气分析与预测方法研究［C］//［佚名］. 中国气象学会 2007 年年会大气成分观测研究与预报分会场论文集. ［S. l. ：s. n.］，2007.

［11］王茜，伏晴艳，王自发，等. 集合数值预报系统在上海市空气质量预测预报中的应用研究［J］. 环境监控与预警，2010，2（4）：1 - 6.

［12］王自发，吴其重. 北京空气质量多模式集成预报系统的建立及初步应用［J］. 南京信息工程大学学报（自然科学版），2009，1（1）：19 - 26.

［13］熊生龙. 贵阳空气中 PM_{10} 浓度的神经网络模拟预测与运用［D］. 杭州：浙江大学，2006.

［14］杨民，王庆梅，王式功，等. 兰州市空气质量预报系统研究［J］. 中国环境监测，2002（6）：10.

［15］阴俊，谈建国. 上海城市空气质量预报分类统计模型［J］. 气象科技，2004，32（6）：410 - 413.

［16］朱凌云，蔡菊珍，张美根，等. 山西排放的大气颗粒物向北京输送的个例分析［J］. 中国科学院研究生院学报，2007，24（5）：636 - 640.

［17］Astitha M, Kallos G, Katsafados P. Air pollution modeling in the Mediterranean Region：Analysis and forecasting of episodes［J］. Atmospheric Research, 2008, 89（4）：358 - 364.

［18］Huang J P, Fung J C H, Lau A K H, et al. Numerical simulation and process analysis of typhoon-related ozone episodes in Hong Kong［J］. Journal of Geophysical Research：Atmospheres, 2005, 110（D5）.

［19］Shao M, Zhang Y, Zeng L, et al. Ground-level ozone in the Pearl River Delta and the roles of VOC and NO_x in its production［J］. Journal of Environmental Management, 2009, 90：512 - 518.

［20］Shen J, Zhang Y, Wang X, et al. An ozone episode over the Pearl River Delta in October 2008［J］. Atmospheric Environment, 2015, 122：852 - 863.

［21］Zhang Y H, Su H, Zhong L J, et al. Regional ozone pollution and observation-based approach for analyzing ozone-precursor relationship during the PRIDE-PRD2004 campaign［J］. Atmospheric Environment, 2008, 42：6203 - 6218.

第 12 章 广东省区域大气典型污染过程案例库建设及应用

回顾分析历史典型大气污染案例的空气质量特征，掌握污染过程的气象因素，识别污染来源与成因，对该地区大气污染演变趋势预测和空气质量预警预报工作的开展具有实际意义。基于广东省空气质量预报的实践，本章主要介绍广东省大气污染典型案例库建立工作的总体思路，以该地区 2015—2016 年的空气质量水平为研究对象，分析总结大气污染事件的基本特点，并挑选具体大气污染案例进行特征及其影响因素分析，以完善该地区大气污染案例库建立的研究工作，为今后大气污染案例库的应用铺垫基础。

12.1 大气污染案例库建设思路与方法

基于历年广东省区域的空气质量污染水平，确定大气污染案例事件的定义；筛选及收集主要的大气污染过程，针对各类不同的污染案例，综合运用多种数据和统计分析方法进行污染特征、气象影响因素和污染来源等分析；基于污染个例分析，归纳总结广东省典型大气污染事件的基本特征。在掌握污染案例特征的基础上，进一步将其运用于指导排放源清单更新、改善空气质量数值模型模拟效果、提高空气质量预报准确率等方面。

12.1.1 明确污染案例事件的定义

基于现有空气质量监测网络对广东省 21 个城市的空气质量监测数据，参照环境空气质量指数（AQI）评价规定，在分析广东省区域城市环境空气质量水平总体特征的基础上，提出典型大气污染案例事件的定义。把大气污染事件定义为全省一个或一个以上城市的首要污染物浓度从优良水平逐日累积到峰值而形成中度污染或以上（AQI > 150），随后重新下降到谷值为良或优（AQI ≤ 100）的状态。根据上述定义，筛选出全年的主要污染案例。

12.1.2 污染案例事件特征识别

针对筛选的污染案例，从污染特征、主导天气形势和气象特点以及污染气团来源等方面进行分析：利用广东省区域主要大气污染物的监测数据，识别大气污染事件发生的时间、持续时长、影响范围、季节变化和空间分布等基本特征特点；结合区域不同大气环流影响条件变化，分析主要污染时段的天气形势特征，将广东省区域大气污染过程划分为不同类型；利用后向轨迹与聚类分析等技术手段进行污染气团来源特征分析。

12.1.3 主要技术方法

12.1.3.1 污染案例相似算法

污染案例相似算法主要采用马氏距离法和主成分因子法两种方法进行构建。

（1）马氏距离法。马氏距离（Mahalanobis distance）是由印度统计学家马哈拉诺比斯（P. C. Mahalanobis）提出的，表示数据的协方差距离。它是一种有效的计算两个未知样本集的相似度的方法。它考虑到各种特性之间的联系（例如，一条关于身高的信息会带来一条关于体重的信息，因为两者是有关联的），并且是与尺度无关的，即独立于测量尺度。对于一个均值为 μ，协方差矩阵为 $\sum$ 的多变量向量，其马氏距离为 $(x - \mu)' \sum (-1)(x - \mu)$。

（2）主成分因子法。设法将原来变量重新组合成一组新的相互无关的几个综合变量，同时根据实际需要从中可以取出几个较少的总和变量，尽可能多地反映原来变量的信息的统计方法叫作主成分分析或称主分量分析，这也是数学上处理降维的一种方法。主成分分析是设法将原来众多具有一定相关性的指标（比如 P 个指标），重新组合成一组新的互相无关的综合指标来代替原来的指标。通常数学上的处理就是将原来 P 个指标作线性组合，作为新的综合指标。最经典的做法就是用 F1（选取的第一个线性组合，即第一个综合指标）的方差来表达，即 Va（rF1）越大，表示 F1 包含的信息越多。因此，在所有的线性组合中选取的 F1 应该是方差最大的，故称 F1 为第一主成分。如果第一主成分不足以代表原来 P 个指标的信息，再考虑选取 F2 即选第二个线性组合，为了有效地反映原来信息，F1 已有的信息就不需要再出现在 F2 中，用数学语言表达就是要求 Cov（F1，F2）＝0，则称 F2 为第二主成分，依此类推可以构造出第三、第四……第 P 个主成分。

12.1.3.2 后向轨迹模型法

拉格朗日粒子扩散模式（Lagrangian particle dispersion model，LPDM）是通过计算大量粒子的运动轨迹，来模拟源区排放的示踪物对周围环境的影响。相对于欧拉模式，拉格朗日模式不会产生数值扩散；同时，拉格朗日模式计算的粒子轨迹与输出的网格点无关，原则上，其分辨率可以无限高。拉格朗日粒子扩散模式通常采用线性方程来描述示踪物在大气中的传输过程，因此仅需要较小的改变，就可以实现后向模拟。在受体个数小于源个数时，后向模拟的运行更有效率，因此，后向模拟在单点运行中得到了广泛的应用。目前，应用较为广泛的是 HYSPLIT（Hybrid Single Particle Lagrangian Integrated Trajectory）和 FLEXPART（Flexible Particle model）。下文主要介绍 HYSPLIT 模式的工作原理。

HYSPLIT 是由美国 NOAA 空气资源实验室（Air Resources Laboratory，ARL）开发的用于计算和分析大气污染物输送、扩散和沉降的数值模型（Draxler，1997）。HYSPLIT 可以处理多种气象要素场（如 WRF、ECMWF 等），同时 HYSPLIT 有自带的归档数据（NOAA Reanalysis、NCEP GDAS），被广泛地应用于多种污染物在大气中的传输和扩散模拟研究（如空气团轨迹、火山喷发、森林火灾）中。在 HYSPLIT 中，平流与扰动扩散的计算独立进行，只要给定三维风场，就可以计算受体点的气团来源轨迹。

HYSPLIT 的轨迹模拟是质点在空间和时间上的积分，轨迹质点所在位置的速度是时间和空间上的线性插值结果，这个时刻到下一时刻质点运动的距离是由上一时刻的速度和第一假想点的速度的平均值与时间步长的乘积得到的。

$$P'(t + \Delta t) = P(t) + V(P,t)\Delta t \tag{12-1}$$

$$P(t + \Delta t) = P(t) + 0.5[V(P,t) + V(P,t + \Delta t)]\Delta t \tag{12-2}$$

式中，Δt 为时间间隔；V 为速度；P' 为第一假想位置；P 为最终位置。

12.1.4　数据来源

大气污染案例分析所需数据包括空气质量监测信息、区域天气形势图和地面观测数据等气象信息。其中，空气质量监测数据来自广东省空气质量监测网络系统，包括广东省 21 个城市的空气质量指数（AQI）和主要污染物（SO_2、NO_2、PM_{10}、$PM_{2.5}$、O_3）日均浓度和小时浓度等。东亚地区的天气图来自中央气象台发布的实况资料和香港天文台的天气监测图；地面气象观测资料来自中国气象数据网，包括风向、平均风速、温度和相对湿度等；后向轨迹模型所用气象数据来自全球资料同化系统数据库（Global Data Assimilation System，GDAS）。

12.2　广东省大气污染案例基本特点

对广东省 2015 年空气污染案例的相关数据进行统计分析，通过数据调研获取该地区 2015 年的空气质量监测数据和气象资料，回顾分析了 2015 年广东省典型大气污染案例中的空气质量污染特征，识别主导天气形势及气象特征，结合后向轨迹模型，初步探讨空气污染与气团来源的关系。

12.2.1　污染案例空气质量特征

按照上述定义，对 2015 年广东省各城市的大气污染物浓度监测数据进行统计分析，结果见表 12－1。2015 年全省共发生 13 次污染事件，其中，有 6 次是 $PM_{2.5}$ 污染导致的，有 6 次是 O_3 污染导致的，还有 1 次是 $PM_{2.5}$ 和 O_3 共同影响导致的。此外，这些污染事件还表现出高浓度 $PM_{2.5}$ 污染主要出现在冬季（1—2 月和 12 月），高浓度 O_3 污染则分布于春夏秋季（4—10 月，10 月最重）的基本特征。值得一提的是，3 月、6 月和 11 月广东省 21 个城市的 AQI 日均值并未出现中度污染或以上的情况。

表 12－1　广东省 2015 年典型大气污染案例事件

编号	发生季节	发生时段	持续天数	影响范围	首要污染物
1	冬季	1 月 1 日—1 月 7 日	7	韶关、潮州	$PM_{2.5}$
2	冬季	1 月 19 日—1 月 23 日	5	广州、江门、珠海、清远	$PM_{2.5}$

续表 12-1

编号	发生季节	发生时段	持续天数	影响范围	首要污染物
3	冬季	1月24日—1月29日	6	肇庆、云浮	$PM_{2.5}$
4	冬季	2月5日—2月18日	14	江门、珠海、肇庆、清远、茂名、中山	$PM_{2.5}$
5	冬季	2月18日—2月20日	3	清远	$PM_{2.5}$
6	春季	4月12日—4月17日	6	广州、东莞、惠州	O_3
7	春季	5月11日—5月14日	4	潮州	O_3
8	夏季	7月10日—7月17日	8	广州、佛山、东莞、清远	O_3
9	夏季	8月3日—8月10日	8	广州、佛山、东莞、中山、汕尾	O_3
10	秋季	9月7日—9月20日	14	广州、佛山、东莞、肇庆、中山、阳江	O_3
11	秋季	10月12日—10月21日	10	佛山、江门、珠海、湛江、茂名、阳江、潮州	O_3
12	秋季	10月22日—10月26日	5	湛江	O_3、$PM_{2.5}$
13	冬季	12月21日—12月25日	4	广州、佛山	$PM_{2.5}$

12.2.1.1 不同污染等级时空分布

污染期间，广东省四大区域各城市轻度及以上污染出现的天数，如图 12-1 所示。空气质量最高污染等级以中度污染为主，个别城市曾出现 1 天重度污染。大部分污染事件中，珠三角地区的污染状况重于粤东、粤西和粤北地区，明显呈现持续时间长、发生面积大、影响范围广的特征。此外，粤东地区的潮州、揭阳和粤西地区的茂名、湛江一带的污染状况值得关注，在夏秋季偶有出现高浓度 O_3 污染。

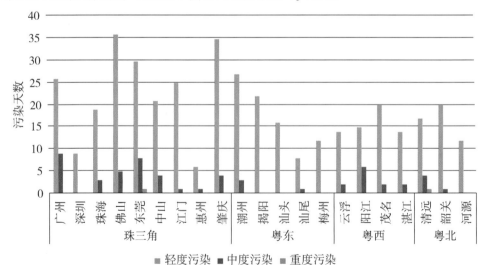

图 12-1　污染期间广东省各城市不同污染等级出现天数

12.2.1.2　不同污染物浓度特征

细颗粒物和臭氧是导致广东省地区出现大气污染的重要污染物类型（见图 12 - 2）。下文将进一步分析污染期 $PM_{2.5}$ 和 O_3 污染物浓度的变化特征（见图 12 - 3 和图 12 - 4）。

广东省冬季大气细颗粒物污染事件频发，$PM_{2.5}$ 污染期各城市的平均浓度达到了 AQI 日均标准的轻度污染等级，直接导致全年细颗粒物污染水平整体升高，污染期间平均浓度相对全年 $PM_{2.5}$ 平均浓度高出（29 ± 6）$\mu g/m^3$；与年平均浓度相比，在细颗粒物污染事件期间，每个城市的污染物浓度高出 0.64 ~ 1.26 倍，且 $PM_{2.5}$ 在 PM_{10} 中所占比例有所上升，原因可能是在细颗粒物污染期扩散条件不利，污染物易于积累，大气环境化学条件有利于细颗粒物二次生成，导致 $PM_{2.5}$ 在 PM_{10} 中比例增大。该地区的大气臭氧污染主要集中发生在春夏秋季，污染期间全省各城市臭氧日最大 8 小时浓度平均值为（123 ± 17）$\mu g/m^3$，比全年均值高（40 ± 12）$\mu g/m^3$，且每个城市的浓度均较全年均值高出 0.24 ~ 0.77 倍。其中，以珠三角地区的广州、佛山、东莞、肇庆、珠海及江门城市群、粤西阳江和粤东潮州等地的污染较为严重，其污染期浓度值远超二级标准限值，达到轻度甚至中度污染水平。这表明，广东省地区臭氧污染较为严重，区域性特征明显。

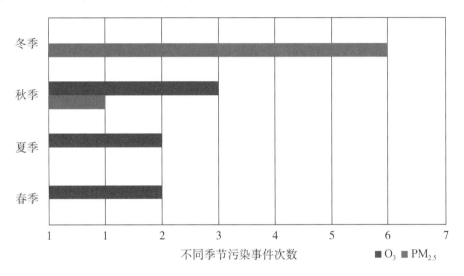

图 12 - 2　不同季节污染事件发生次数

12.2.2　天气分型与气象特征

通常情况下，大气污染源排放相对稳定，发生大范围大气污染时，天气形势起到重要的作用，风场、温度、湿度、气压和光照等气象条件对污染物的累积、清除或扩散等有着显著的影响。图 12 - 5 统计分析了 2015 年广东省主要大气污染事件期间主导的天气形势类型。容易发生区域性大气污染的典型天气形势主要有：高压出海型、热带低压型、副高控制型和弱槽弱脊型。其中，高压出海型污染事件次数最多，比例约占 54%，主要发生于秋冬季湿冷的气象环境中；其次为热带低压型污染，次数占比约 23%，分布于夏秋季台风外围下沉气流区；弱槽弱脊型污染紧随其后，次数比例为 15%，在冬春季节弱槽弱脊控制下，天气多变，从而有利于污染积累；副高控制型污染比例约占

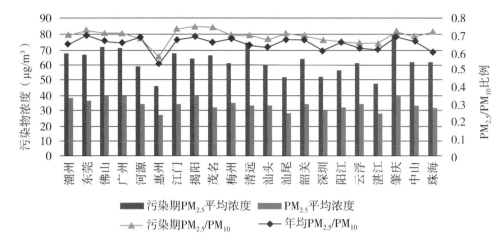

图 12 -3 污染期间 PM$_{2.5}$浓度特征

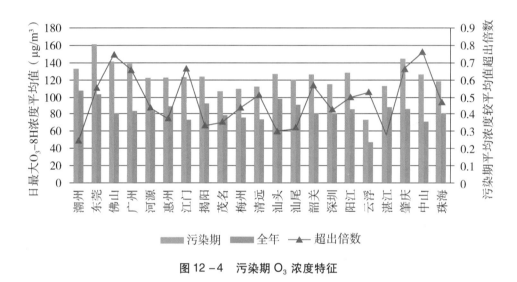

图 12 -4 污染期 O$_3$浓度特征

8%，主要发生于秋季静稳天气条件下。下面挑选典型案例分析天气形势特征及其对空气质量的影响。

（1）高压出海型。蒙古高压强盛时不断分裂出高压中心从我国河套地区附近南下，到达我国中部地区，再经我国东部沿海地区入海。在大陆高压东移与变性出海过程中，广东地区位于高压底部或后部的均压场中，风场整体为弱偏东风，天气形势稳定，湿度增大，气温回升，广东省东部和沿海地区持续污染常见的地面天气形势即为此种类型。以 2015 年 1 月份的细颗粒物污染事件为例，在一个冷高压变性出海过程中（见图 12 -6），广东省地面总体受均压场控制，风场较弱，由偏北风逐渐转为偏南风控制，整体气温回升、湿度增大；高温高湿的条件有利于二次粒子生成，结合不利扩散的天气形势影响，使得细颗粒物浓度上升而导致区域性污染，重污染区集中于珠三角中北部和粤北地区，粤东地区潮州、揭阳一带出现 PM$_{2.5}$轻度污染，粤西地区污染水平相对较轻。

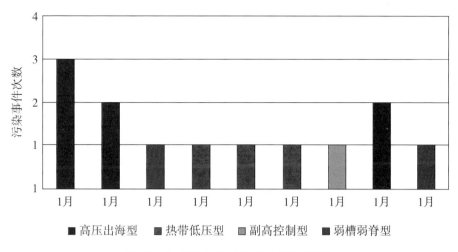

图 12 - 5　不同污染事件的主导天气形势

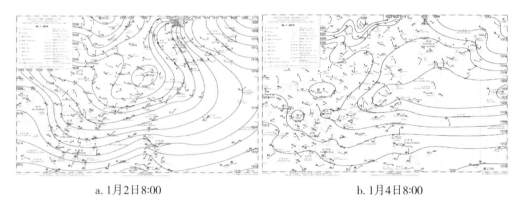

a. 1月2日8:00　　　　　　　　　　　　b. 1月4日8:00

图 12 - 6　2015 年 1 月 2 日和 1 月 4 日东亚地区地面气压场

（2）热带低压型。当广东省处于台风外围时，垂直方向上气流下沉，水平方向上地面风速较低，扩散条件不利，且台风带来的暖湿气流为污染物的累积创造了有利条件。以 2015 年 8 月 3—10 日的污染事件为例，从东亚地区地面天气形势图可知（见图 12 - 7），受东部沿海强烈热带风暴"苏迪罗"影响，广东省大部处于台风外围下沉气流区，气温高、风速小，水平和垂直扩散条件均不利，污染物易形成局地累积，在强日照与静风环境下，臭氧不断生成并积聚，臭氧浓度攀升，多个城市出现臭氧中度甚至重度污染（见图 12 - 8）。广东省东部、中部与北部率先出现 AQI 指数峰值，西部与南部地区 AQI 峰值随后出现，各区域城市空气质量变化趋势的原因主要与台风的移动路径有关。

（3）弱槽弱脊型。当广东省处于弱槽弱脊控制下，地面风向杂乱多变，风力微弱，大气层结静稳，扩散条件不利。如图 12 - 9，2015 年 12 月 21—25 日，广东省低层 850 hPa 受偏南暖湿气流输送影响，地面层受高压脊控制，风速较小，云系厚，珠三角地区发生了一次区域性细颗粒物污染过程，大部分城市出现 PM$_{2.5}$轻度至中度污染；非珠三角地区空气质量相对较好，整体以良为主，粤东地区潮州一带、粤北地区韶关和粤西地

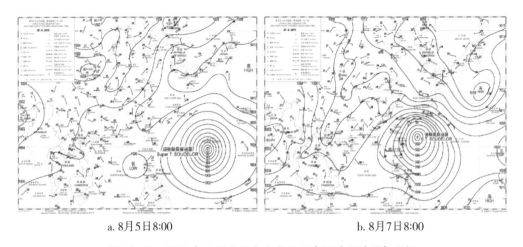

a. 8月5日8:00　　　　　　　　　　　b. 8月7日8:00

图 12 - 7　2015 年 8 月 5 日和 8 月 7 日东亚地区地面气压场

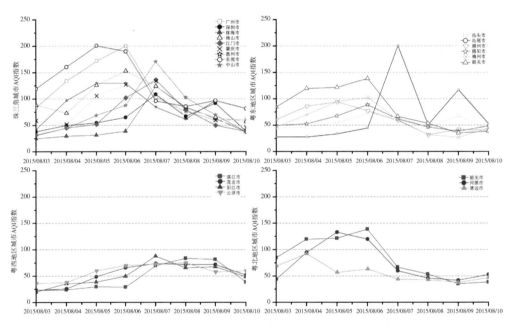

图 12 - 8　2015 年 8 月 3 日—10 日我省城市空气质量指数变化趋势

区云浮等地出现局部轻度污染。过程后期，强冷空气南下，自北向南覆盖全省，给广东省带来一次由北向南的大风降温天气，全省各地区空气质量明显好转。

（4）副高控制型。夏秋季西太平洋副热带高压不断加强，逐渐西伸北抬控制我国华南地区，其控制区域内大范围盛行下沉气流，多出现晴热天气，气压梯度力较小，风力微弱，天气更为炎热，利于近地面臭氧生成。如图 12 - 10 所示，2015 年 9 月 11 日，我省大部处在副热带高压支配的天气形势下，地面风速小，天气条件静稳，不利于污染物扩散，造成臭氧浓度上升而导致区域性污染。重污染区域集中于珠三角城市群的中北部地区，达到轻度至中度污染；粤东和粤北地区整体空气质量虽表现为良的水平，但多个城市 AQI 指数接近或达到 100（良至轻度污染的临界值）；粤西地区空气质量水平相

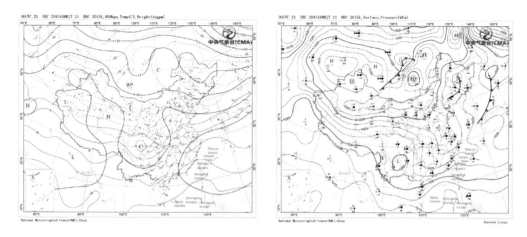

图 12-9 2015 年 12 月 21 日 8:00 我国 850 hPa 和地面天气形势图

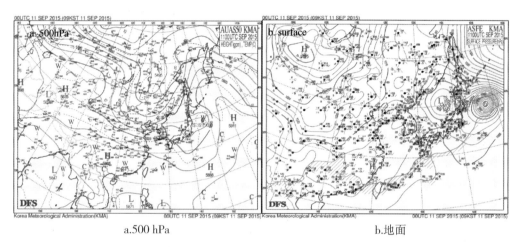

a.500 hPa   b.地面

图 12-10 2015 年 9 月 11 日 8:00 东亚地区 500 hPa 和地面天气形势图

对较好，整体为优至良的水平。

针对 2013—2016 年 4 年间广东省秋季 9—11 月份区域 O_3 污染过程统计分析发现，珠三角区域 O_3 污染过程的天气类型主要有 6 种，即副高控制型、地面均压场型、高压底部型、台风外围型、冷锋前型和冷高压变性出海型。其中副高控制型导致的 O_3 污染事件最多，约占污染事件天气类型总数的 30%；冷锋前型、副高控制与台风外围共同作用型为最易发生 O_3 污染的天气类型，当受副高控制和台风外围下沉气流共同影响时，我省 O_3 污染情况尤为严重。

12.2.3 空气污染与气团来源关系分析

考虑到各种空气污染物中 O_3 和 $PM_{2.5}$ 超标最为频繁，尤以珠三角地区的污染相对严重，因此选择广州市（23.35°N，113.42°E）为例，利用反向轨迹模型（HYSPLIT），初步探讨污染物浓度超标日的污染气团来源特点。如图 12-11，对广州市 2015 年 O_3 日均浓度超标时段每 6 小时的 24 小时后向轨迹进行聚类分析，发现该地区 O_3 超标时段污染气团主要来源于广东省东南及西南部珠江口沿岸，其次是广东省外的正北面。分析原因认为：来自广东东南沿海地区的气团轨迹较短，说明扩散条件相对较差，容易携带当地排放的污染物往广州市输送，到达广州市后在适宜的气象条件下和本地排放的污染前体物可以生成较多 O_3；来自偏北方向的大陆气团，通常为广州地区带来自北向南的干冷空气，干燥无雨的条件促进大气化学转化，为 O_3 生成创造了有利环境。在 $PM_{2.5}$ 超标时段，该地区的污染气团的最主要来源是广州的东南方和正西方，同时还有约20%的气流来自西北方和西北偏北方。不同来源方向的气流特点不尽相同。其中，来自东南方的气团临近海洋沿岸地区，通常容易携带较多水汽，相对湿度高，更有利于细颗粒物二次生成；来自正西方向的气团主要是短尾轨迹，从珠三角中部地区低层出发，先缓慢抬升，将要到达广州市时出现明显下沉运动，污染物在近地面快速积累，从而造成较重污染；来自偏北方的气团在行进过程中气团高度逐渐往下压，自我国西北方向的内地上空出发，行至广东省粤北地区山区城市后，气流略微转变，沿正北方向行进抵达广州。

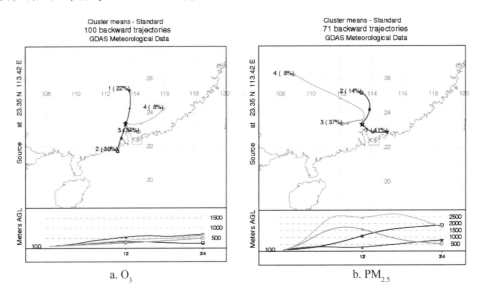

a. O_3　　　　　　　　b. $PM_{2.5}$

图 12 –11　广州市 2015 年 O_3 和 $PM_{2.5}$ 超标日后向轨迹聚类结果

12.2.4　台风对区域空气质量影响分析

珠三角南临南海，东临西太平洋，是我国受台风影响和台风登陆最多的地区之一。在台风登陆前，珠三角近地面 O_3 浓度会急剧攀升，造成区域性 O_3 高污染事件。污染过程中 O_3 浓度升高速度快，峰值高，在短时间内能够达到重度污染甚至严重污染水平。

目前，针对台风登陆前珠三角地区近地面 O_3 浓度升高原因的研究仍然较为薄弱，不少学者从气象角度进行了探讨。魏晓琳等（2011）采用大气化学模式 Models-3/CMAQ 模拟了香港地区的一次夏季高浓度 O_3 污染事件，发现 O_3 污染事件与台风的活动紧密相关。陈莉等（2017）利用 2001—2015 年东亚区域的气压场和对流层顶 O_3 含量的资料，对东亚地域内季风运动及台风过程与 O_3 浓度变化的相关性进行了分析，发现近地面 O_3 浓度高的地区受到台风外围下沉气流影响。

根据《热带气旋年鉴》和近地面观测的 O_3、NO_2、CO、$PM_{2.5}$ 和 PM_{10} 等污染物浓度观测数据资料，相关学者统计了 2014—2016 年造成广东不同区域空气质量污染的热带气旋（Tropical Cyclone，TC），对比分析了热带气旋的生成源地的地理分布、登陆时间以及它们与空气质量的关系。

12.2.4.1　热带气旋的时间分布特征

广东是我国沿海热带气旋活动最频繁、影响程度最严重、全年影响时间最长的区域。登陆广东的热带气旋，其强度可按 1989 年开始采用的国际标准分为热带低压（TD，中心风力 <8 级）、热带风暴（TS，中心风力 8～9 级）、强热带风暴（STS，中心风力 10～11 级）、台风（TY，中心风力≥12 级）共 4 级。

对广东空气质量产生较大影响的热带气旋以 6—10 月登陆居多，其中 7—9 月最为集中。根据《台风年鉴》和《热带气旋年鉴》中 1949—2006 年登陆广东的 TC 资料可知，登陆广东 TC 的平均初旋日为 7 月 4 日、终旋日为 9 月 16 日、台风季为 75 天，70.7% 的初旋日集中在 6—7 月，81.0% 的终旋日集中在 8—10 月，台风季长度从 1～178 天（1974年）不等，但高于 30 天的年份占总年份的 86.2%，高于 60 天的占总年份的 70.7%，高于 100 天的占总年份的 20.7%。近几年的趋势表现为初旋推迟、终旋提前和台风季变短。

根据 2014—2016 年对广东空气质量产生影响的 TC 统计发现，影响广东空气质量的 TC 的生成时间集中在 6—10 月，生成强度均为 TS（热带风暴），初旋日集中在 6—7月，终旋日集中在 9—10 月，详见表 12 - 2。

表 12 - 2　2014—2016 年 TC 生成时间和登陆时间概况

时间	台风名称	生成时间	登陆时间
2014 年	海贝思	6 月 14 日	6 月 15 日
	威马逊	7 月 12 日	7 月 18 日
	麦德姆	7 月 18 日	7 月 23 日
	凤凰	9 月 18 日	9 月 22 日
2015 年	鲸鱼	6 月 21 日	6 月 24 日
	莲花	7 月 2 日	7 月 9 日
	苏迪罗	7 月 30 日	8 月 8 日
	杜鹃	9 月 23 日	9 月 29 日
	彩虹	10 月 2 日	10 月 4 日
2016 年	尼伯特	7 月 3 日	7 月 9 日
	银河	7 月 26 日	7 月 27 日
	妮妲	7 月 30 日	8 月 2 日
	鲇鱼	9 月 23 日	9 月 28 日
	海马	10 月 15 日	10 月 21 日

12.2.4.2　热带气旋生成源地的地理分布

根据 2014—2016 年登陆我省或对我省空气质量造成影响的 TC 生成源地的地理分布

可知，对广东空气质量有影响的 TC 生成源主要在160°E 以西、7°N 到21°N 之间。主要有 3 个生成集中地：南海、菲律宾海盆和加罗林群岛。详见表 12 – 3、图 12 – 12。

表 12 –3　2014—2016 年 TC 生成源地理分布（经纬度）

时间	台风名称	经度（°）	纬度（°）
2014 年	海贝思	116.8	20.6
	威马逊	142.8	13.4
	麦德姆	135.2	10.2
	凤凰	129.6	13.2
2015 年	鲸鱼	111.5	15.9
	莲花	128.8	15.0
	苏迪罗	159.2	13.6
	杜鹃	138.2	17.7
	彩虹	121.1	15.8
2016 年	尼伯特	145.0	8.8
	银河	112.5	18.2
	妮姐	125.5	16.1
	鲇鱼	140.1	15.6
	海马	143.9	8.2

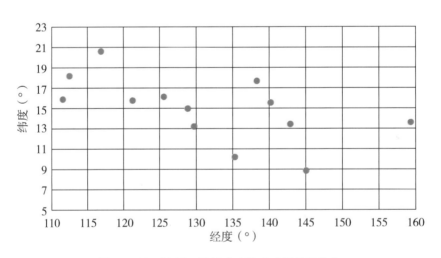

图 12 –12　2014—2016 年 TC 生成源地理分布

12.2.4.3　热带气旋登陆时间与我省空气污染事件发生的时间关系

根据表 12 –4 可知，在台风登陆及登陆前 1—6 天，我省开始出现空气污染过程，最迟至台风登陆后 2 天，污染过程即结束。污染持续时间最短为 1 天，最长为 6 天。

表 12－4　2014—2016 年广东省部分大气污染过程发生时间及 TC 登陆时间对比

时间	发生时段	开始时间	结束时间	登陆时间	距离登陆时间（天）	距离登陆时间（天）
2014 年	6 月 13—16 日	6 月 13 日	6 月 16 日	6 月 15 日	－2	＋1
	7 月 16—17 日	7 月 16 日	7 月 17 日	7 月 18 日	－2	－1
	7 月 22—25 日	7 月 22 日	7 月 25 日	7 月 23 日	－1	＋2
	9 月 19—24 日	9 月 19 日	9 月 24 日	9 月 22 日	－3	＋2
2015 年	6 月 20 日	6 月 20 日	6 月 20 日	6 月 24 日	－4	－4
	7 月 5 日	7 月 5 日	7 月 5 日	7 月 9 日	－4	－4
	8 月 3—9 日	8 月 3 日	8 月 9 日	8 月 8 日	－5	＋1
	9 月 23—26 日/9 月 29 日	9 月 23 日	9 月 29 日	9 月 29 日	－6	0
	10 月 1—2 日	10 月 1 日	10 月 2 日	10 月 4 日	－3	－2
2016 年	7 月 7—9 日	7 月 7 日	7 月 9 日	7 月 9 日	－2	0
	7 月 22—26 日	7 月 22 日	7 月 26 日	7 月 27 日	－5	＋1
	7 月 28 日—8 月 1 日	7 月 28 日	8 月 1 日	8 月 2 日	－5	＋1
	9 月 24—27 日	9 月 24 日	9 月 27 日	9 月 28 日	－4	＋1
	10 月 21 日	10 月 21 日	10 月 21 日	10 月 21 日	0	0

12.2.4.4　热带气旋位置与我省空气污染事件发生的关系

根据表 12－5 可知，在台风中心与广州相距 446.7 千米至 3 375.6 千米时，我省开始出现轻度污染，对应此时的台风强度以 TS（热带风暴）为主。

表 12－5　空气污染事件开始时间与台风位置的关系

台风位置（经纬度，°）		开始污染时间	台风名称	对应台风强度	与广州的距离（千米）
116.8	20.6	6 月 13 日	海贝思	TS（热带风暴）	462.95
121.9	14	7 月 16 日	威马逊	TY（台风）	1 364.72
124.5	19.4	7 月 22 日	麦德姆	TY（台风）	1 233.78
124.5	16.5	9 月 19 日	凤凰	TS（热带风暴）	1 386.08
111.5	15.9	6 月 20 日	鲸鱼	TS（热带风暴）	833.65
122.8	17.5	7 月 5 日	莲花	TS（热带风暴）	1 174.91
144.9	15.6	8 月 3 日	苏迪罗	TY（台风）	3 375.56
138.2	17.7	9 月 23 日	杜鹃	TS（热带风暴）	2 645.17
121.1	15.8	10 月 1 日	彩虹	TS（热带风暴）	1 159.05
125.6	20.7	7 月 7 日	尼伯特	TS（热带风暴）	1 297.38
112.5	18.2	7 月 22 日	银河	TS（热带风暴）	562.61

续表 12 – 5

台风位置（经纬度,°）		开始污染时间	台风名称	对应台风强度	与广州的距离（千米）
125.5	16.1	7 月 28 日	妮妲	TS（热带风暴）	1 498.84
137.5	16.5	9 月 24 日	鲇鱼	STS（强热带风暴）	2 618.56
116.5	20.5	10 月 21 日	海马	TY（台风）	446.70

12.2.4.5 热带气旋登陆位置与我省空气污染的程度关系

根据 2013—2016 年《台风年鉴》《热带气旋年鉴》和近地面观测的 O_3、NO_2、CO、$PM_{2.5}$ 和 PM_{10} 等污染物浓度观测数据资料，可知珠三角以东出现台风时，O_3 污染往往更易出现在珠三角中西部偏南地区（珠海、佛山、江门、中山和东莞）；珠三角以西出现台风时，O_3 污染主要出现在珠三角中西部地区（肇庆、佛山、江门、中山和东莞）。详见图 12 – 13、图 12 – 14。

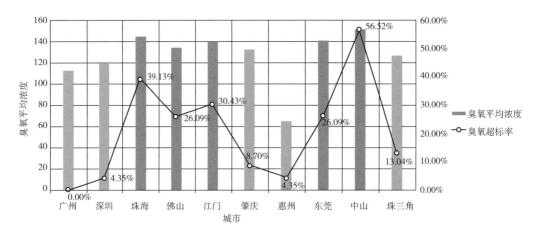

图 12 – 13 珠三角以东台风臭氧平均浓度和超标率

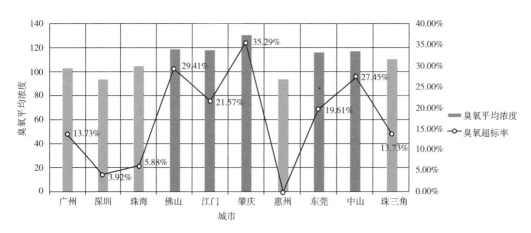

图 12 – 14 珠三角以西台风臭氧平均浓度和超标率

12.3 典型大气污染案例分析

本节将结合广东省区域大气污染案例和监测数据,以秋季臭氧污染事件和冬季细颗粒物污染事件为例,介绍污染事件的特征识别及其影响因素。

12.3.1 夏秋季臭氧污染案例

12.3.1.1 2016年7月广东省臭氧污染演变分析

此次污染是在副热带高压和台风外围下沉气流的共同影响下,我省大气扩散条件不佳,臭氧浓度上升所致的区域性污染事件。珠三角地区污染最为严重,江门、佛山最高污染日达重度污染,其他城市均出现不同程度的轻度污染状况。

(1)事件回顾。图12-15显示,2016年7月29日至8月1日,受副热带高压和台风"妮妲"外围下沉气流共同影响,广东省经历了一次臭氧区域性重污染事件,重污染区域主要集中在珠三角,大部出现臭氧轻度至重度污染。根据2016年7月28日至8月2日广东省四个区域各城市空气质量监测AQI日均值分布情况(见图12-15至图12-20),在此期间四个区域均存在轻度及轻度以上污染的现象,其中被波及的城市有珠三角地区全部城市,粤北地区的韶关、清远,粤西地区的阳江,以及粤东地区的潮州、揭阳、汕头、汕尾一带。

7月31日,广东全省21个地级以上城市空气质量以良至重度污染为主,广州、肇庆为中度污染,江门、佛山出现重度污染,AQI指数在46~207之间,首要污染物主要是O_3(19城次,日最大8小时平均浓度为104~373 $\mu g/m^3$)。全省共有9个城市达到轻度污染及以上,主要集中在珠三角区域,占比约为43%。其中,轻度污染站点个数为5个,占比约为24%;中度污染站点个数为2个,占比约为9.5%;重度污染站点个数为2个,占比约为9.5%(见图12-21,城市总数为21个)。

后期,由于台风"妮妲"于8月2日凌晨3时35分登陆深圳,给我省带来强降水、大风降温、太阳辐射强度减弱、日照时数缩短等不利于臭氧生成而有利于污染物扩散的大气条件,全省各地区空气质量明显好转,基本为优。

结合图12-22,进一步分析污染水平较高的珠三角地区空气质量指数AQI日均值和污染物浓度随时间的变化。29日珠三角地区7个城市空气质量级别为优至良,东莞、惠州2市出现臭氧轻度污染。30日,污染程度加重、污染区域扩大,空气质量以良至轻度污染为主;其中,南部沿海城市江门、珠海、中山、深圳和肇庆为良,广州、佛山、东莞、惠州为轻度污染。31日污染继续上升,污染形势最为严重,珠三角仅惠州1市空气质量状况为良,其余轻至重度污染;其中,珠海、中山、东莞、深圳为轻度污染,广州、肇庆为中度污染,佛山和江门污染最重,明显高于其他城市,达重度污染级别,首要污染物为O_3,当日AQI分别为201和207,并且多个站点AQI小时值最大值高于200,为重度污染;江门市、佛山市多站点O_3日最大8小时平均浓度(O_3-8h)分别为373 $\mu g/m^3$和323 $\mu g/m^3$,O_3 1小时浓度最大值高达431 $\mu g/m^3$和376 $\mu g/m^3$。8月1日,珠三角地区污染情况持续良至轻度污染,其中,南部沿海城市江门、中山、珠

多功能高精度区域空气质量预报系统研发及示范应用

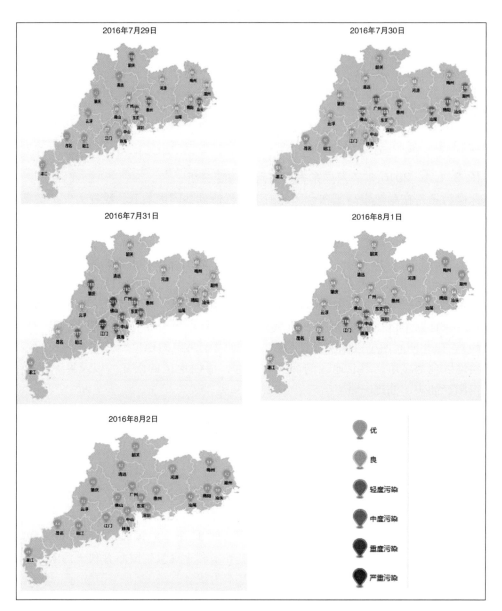

图 12 −15　2016 年 7 月 29 日至 8 月 2 日广东省空气质量指数 AQI 空间分布情况

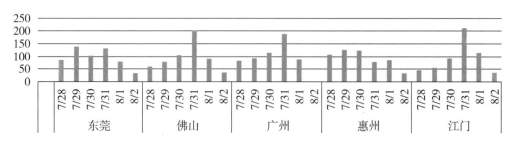

图 12 −16　2016 年 7 月 28 日至 8 月 2 日珠三角区域各城市 AQI 条形图 1

156

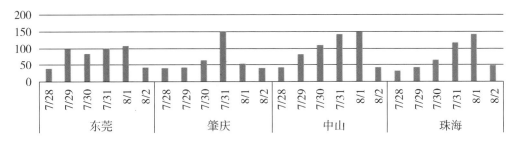

图 12－17　2016 年 7 月 28 日至 8 月 2 日珠三角区域各城市 AQI 条形图 2

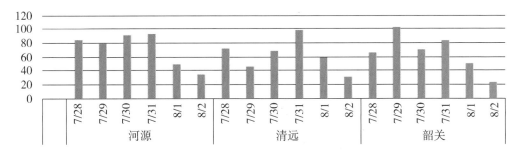

图 12－18　2016 年 7 月 28 日至 8 月 2 日粤北区域各城市 AQI 条形图

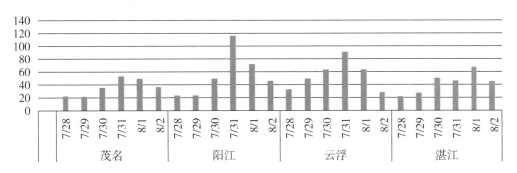

图 12－19　2016 年 7 月 28 日至 8 月 2 日粤西区域各城市 AQI 条形图

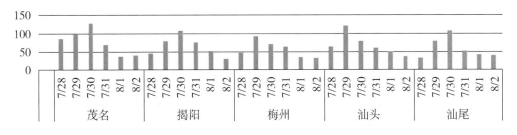

图 12－20　2016 年 7 月 28 日至 8 月 2 日粤东区域各城市 AQI 条形图

海、深圳为轻度污染，其他城市空气质量良；中山市日 AQI 达 150，站点 O_3 日最大 8 小时平均浓度为 226 $\mu g/m^3$，O_3 1 小时浓度最大值为 292 $\mu g/m^3$。8 月 2 日，台风"妮妲"于凌晨 3 时 35 分登陆深圳，给广东省带来强降水、大风降温天气，大气污染扩散条件明显改善，各城市空气质量逐步转优，AQI 指数维持在较低水平，此次污染过程基本结束。

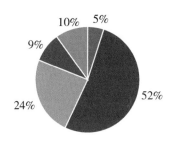

■优 ■良 ■轻度污染 ■中度污染 ■重度污染

图 12 –21　2016 年 7 月 31 日广东省 21 个城市空气质量等级占比分布图

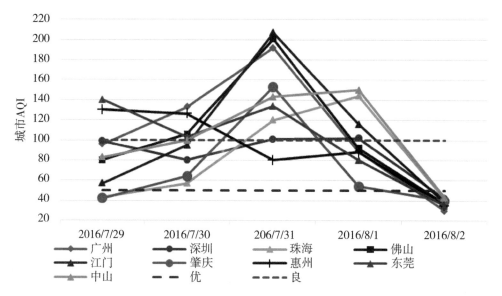

图 12 –22　2016 年 7 月 29 日至 8 月 2 日珠三角地区 AQI 变化

以佛山市为例（见图 12 – 23、图 12 – 24），佛山市 AQI 从 28 日的"良"（AQI 为 61）开始增加，至 30 日升至"轻度污染"（AQI 为 106），31 日达到重度污染（AQI 为 201），O_3 日最大 8 小时平均浓度多站点平均值达 276 $\mu g/m^3$，其中个别站点 O_3 日最大

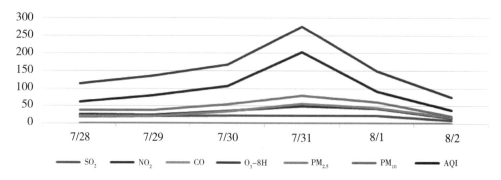

图 12 –23　2016 年 7 月 28 日至 8 月 2 日佛山市 AQI 及六项常规污染物多站点平均曲线图

（注：AQI 为无量纲指数，无单位；CO 单位为 mg/m^3；SO_2、NO_2、O_3 – 8h、$PM_{2.5}$ 和 PM_{10} 单位均为 $\mu g/m^3$）

8 小时平均浓度高达 323 μg/m³，随后 AQI 开始下降，8 月 2 日回归至"优"的水平；其他城市也有类似的变化过程。

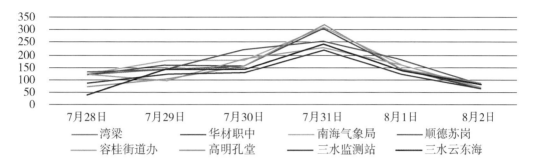

图 12-24　2016 年 7 月 28 日至 8 月 2 日佛山市多站点 O₃ 日最大 8 小时滑动平均浓度随时间的变化（单位：μg/m³）

（2）气象影响因素分析。将本次污染过程发展分为三个时期，前期 7 月 28—29 日（见图 12-25），台风"银河"登陆越南，天气形势上，广东全省处于高空 500 hPa 副高控制范围内，且副高有西伸北抬趋势；中低层存在西南风向西北风转变的辐合风场；地面受高压中心控制，大部晴到多云，气温逐步回升，风速较小，出现静风天气；大气层结静稳，1000 hPa—500 hPa 的垂直风切变弱，大气水平扩散和垂直扩散条件均较差（见图 12-29）。全省整体城市空气质量为优良状态，惠州、东莞、韶关、汕头等城市出现轻度污染。

污染期间 30—31 日（见图 12-26、见图 12-27），2016 年第 4 号台风"妮姐"已生成，中心位于菲律宾吕宋岛北部沿海，并快速趋向广东省沿海。广东地区受副热带高压和台风外围下沉气流共同影响，全省大范围高温晴热天气，扩散条件较差；中低层 850 hPa 偏东风较弱，湿度条件一般；地面受均压场控制，静风，晴朗少云，天气形势稳定，水平方向上扩散条件较差；大气层结静稳，存在一定的逆温静稳层结，垂直风切变持续较弱（见图 12-29）。大气扩散条件不佳，高温且晴朗无雨，促进光化学反应，生成臭氧等二次污染物，导致 30 日起，全省污染水平迅速上升，空气质量急转为差，广州、肇庆出现中度污染，江门、佛山出现重度污染。

后期 8 月 1—2 日（见图 12-28），台风"妮姐"继续向广东省靠近并登陆深圳，受其影响副高南撤东退，同时带来大风、降雨，缓解了高温晴热天气，大气扩散条件转好，有利于污染物稀释和清除，污染形势逐渐缓解。

本次污染过程受气象条件的影响较大，具有明显的区域性特征，原因如下：①高温且晴朗无雨、气温回升，促进光化学反应，生成臭氧等二次污染物；②地面均压场控制，无持续风向且风速较小，逆温静稳层结，垂直风切变较弱，大气水平扩散和垂直扩散条件均较差，前体污染物容易累积，不利于污染物扩散和清除。

（3）后向轨迹分析。以广州市为例（见图 12-30），7 月 31 日不同高度的气团后向轨迹图显示，500 米（红色）低空气团水平方向运动轨迹较迂回，27—28 日气团位于海南岛东部海面高空，已呈现出下沉运动形态；29—31 日，该气团在离地面较近的低

多功能高精度区域空气质量预报系统研发及示范应用

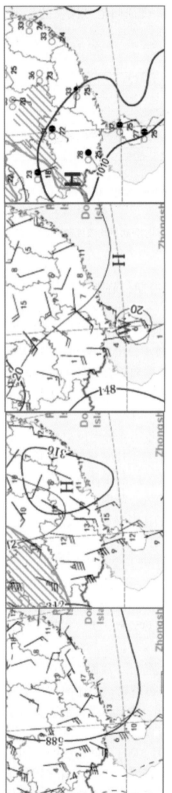

图12-25　前期7月29日天气形势（由左至右依次排列：8时500 hPa、8时700 hPa、08时850 hPa、11时地面形势）

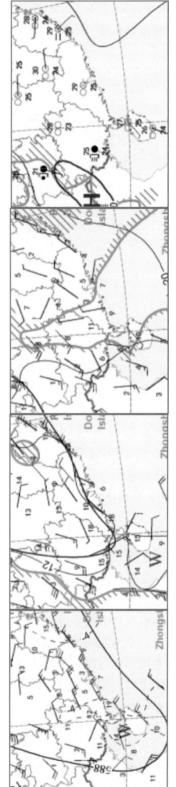

图12-26　7月30日天气形势（由左至右依次排列：8时500 hPa、8时700 hPa、8时850 hPa、8时地面形势）

160

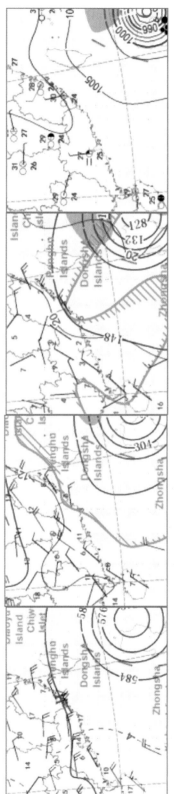

图12-27　7月31日天气形势（由左至右依次排列：8时500 hPa、8时700 hPa、8时850 hPa、8时地面形势）

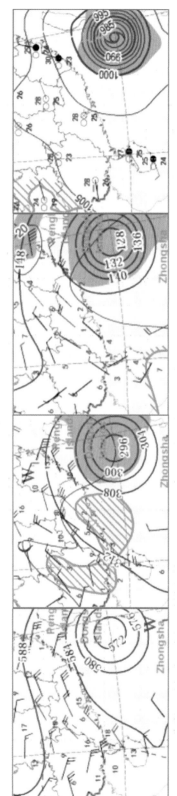

图12-28　8月1日天气形势（由左至右依次排列：8时500 hPa、8时700 hPa、8时850 hPa、8时地面形势）

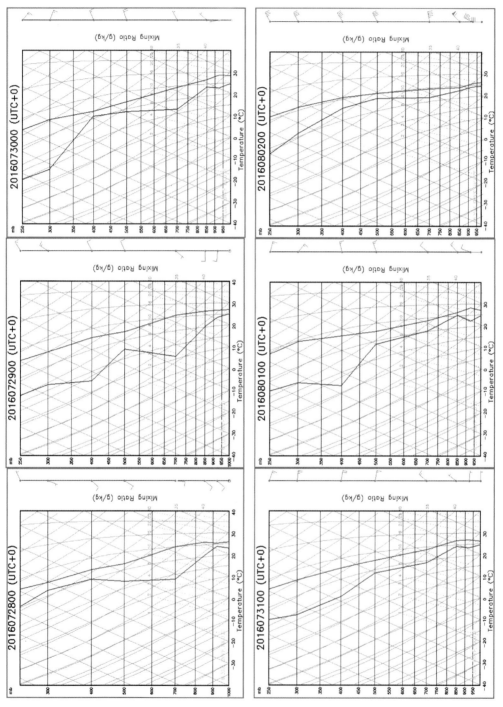

图12-29 香港站点8时探空层结（由左至右依次排列：7月28日、7月29日、7月30日、7月31日、8月1日、8月2日）

空缓慢迂回运动，在此期间累积了较多污染物质，且 30 日气团掠过珠三角地区，而后又回至广州，导致广州地区的污染物并未扩散出去，在适宜的气象条件和本地排放的污染前体物相结合的情况下生成较多 O_3，污染呈累积加重态势。1 500 米（蓝色）气团较为洁净（在海南岛东部海面），28—29 日一直在广东省北部 1 500 米至 500 米的高空做下沉运动，可能会带来部分污染物输入。2 500 米（绿色）气团 27 日在我国华南沿海城市低空迂回、缓慢运动，致其携带当地排放的部分污染物一路沿我国沿海省份内陆进入广东，后期运动轨迹仍呈缓慢迂回状，给广东省带来污染物输入。同时，从 7 月 28 日至 8 月 2 日期间广州市低空 500 米的后向轨迹图叠加 O_3 – 8h 污染情况（见图 12 – 31）来看，广州市 30 日（轻度污染）和 31 日（中度污染）的气团运动轨迹均为曲线迂回类型，据此可推断此次污染来源于本地。

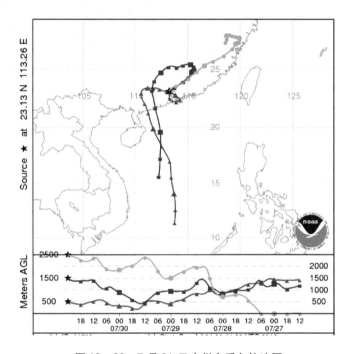

图 12 –30 7 月 31 日广州市后向轨迹图

（4）总结。此次污染过程主要是在台风"妮妲"不断靠近广东的过程中，受副高和台风外围下沉气流共同影响，我省出现大范围高温晴热静稳天气，有利于促进光化学反应，生成臭氧等二次污染物；高空下沉气流盛行，地面天气形势稳定，受均压场控制，无持续风向、风速较小，大气层结静稳，水平和垂直扩散条件较差，前体污染物易累积，污染物难以扩散清除，致本地臭氧浓度上升，形成区域性污染事件。

12.3.1.2 2015 年 9 月珠三角地区臭氧污染演变分析

（1）事件回顾。2015 年 9 月 7—16 日珠三角地区经历了一次持续性的空气污染过程，首要污染物为 O_3。在 8—12 日污染过程中（见图 12 –32），以广州、佛山、东莞和肇庆为代表的中北部城市，其 AQI 明显高于其他时段，8 日出现轻度污染，9 日 AQI 急剧上升，达到污染的峰值，出现中度污染；位于珠三角西南部的中山和江门污染物则呈

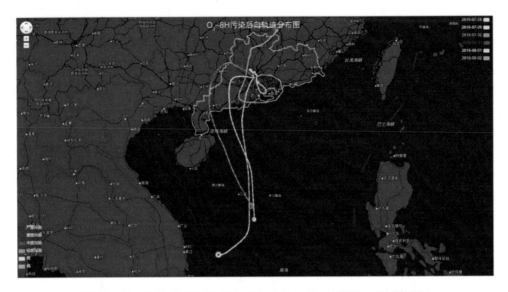

图 12-31　7月28日至8月2日广州 O₃-8h 污染叠加后向轨迹图

缓慢积累趋势，AQI 上升趋势较为缓慢，12 日空气质量最差，中山出现中度污染，AQI 高达 162；随后 13—16 日，珠三角大部分地区 AQI 缓慢回落至良，污染过程趋于结束；位于南部沿海地区的深圳和珠海空气质量持续优良，12—15 日 AQI 经历小幅上涨，但 AQI 总体维持在优良水平。这反映出在此次污染过程中，重污染区域开始时集中在珠三角中北部，而后向南部转移的特点。

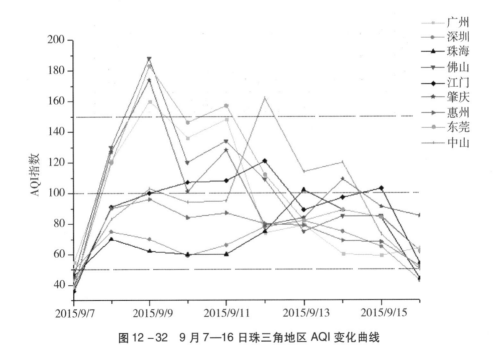

图 12-32　9月7—16日珠三角地区 AQI 变化曲线

图 12 - 33 显示了 9 月 7 日—16 日期间珠三角地区主要城市 SO_2、NO_2、PM_{10}、$PM_{2.5}$、O_3 浓度日均值变化情况：5 种污染物浓度自 9 月 7 日起开始上升，其中 O_3 于 9 日达到浓度峰值，NO_2、PM_{10}、$PM_{2.5}$ 在 10 日达到最高，SO_2 浓度维持在较低水平；PM_{10} 和 $PM_{2.5}$ 浓度变化趋势基本一致，NO_2 浓度在 7—12 日经历一个小起伏后于 13 日降至最小值，随后缓慢上升，O_3 浓度水平较高，在 8—11 日期间的日均浓度都在 150 $\mu g/m^3$ 以上。这表明 O_3 浓度水平明显高于氮氧化物和颗粒物等其他污染物。结合珠三角 9 个城市臭氧浓度变化趋势图（见图 12 - 34），可知本次污染过程主要是以臭氧浓度上升为特征的区域性污染事件。

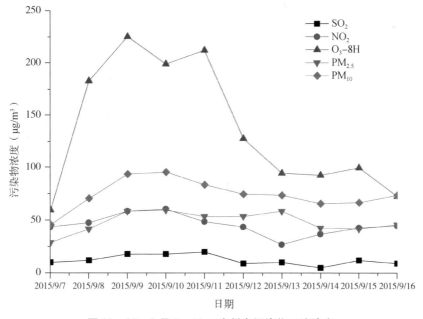

图 12 - 33 9 月 7—16 日广州市污染物日均浓度

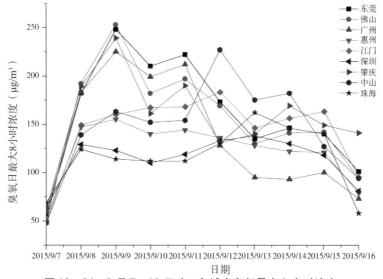

图 12 - 34 9 月 7—16 日珠三角城市臭氧最大 8 小时浓度

（2）气象影响因素分析。9月8日8时850 hPa的天气形势图显示，珠三角及其周边地区整体受副热带高气压控制，中层大气为暖湿的偏南气流，使得该地区垂直方向的污染物易下沉，逐渐积累；结合地面天气图来看，珠三角东南部地区地面由弱低压系统逐渐转变为高压系统，吹弱西北风，风速较小，高压下沉气流盛行，垂直扩散能力较差，导致污染物浓度上升，加剧污染现象。9—10日，高压系统持续，等压线较平缓稀疏，气压梯度较小，中高层大气转变为东北气流，输送扩散能力较差。12日，冷锋到达广东北部，并向东南方向移动，地面风向转为东北风，受弱冷空气影响，北部扩散条件略微好转。14日，受弱高压脊和台风残余环流控制，持续稳定的均压场遭到破坏，高压系统控制减弱，高空风场出现切变，随着南部低压的出现和北方弱冷空气的补充，伴随而来的大风天气有利于污染扩散，污染过程趋于结束。详见图12-35。

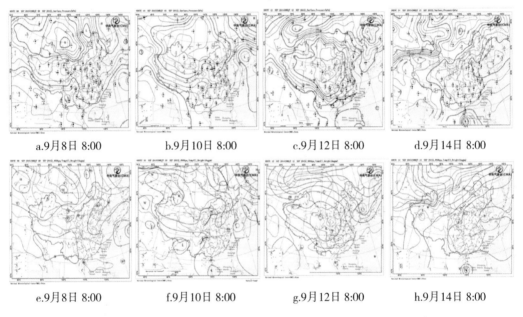

a.9月8日 8:00　　　b.9月10日 8:00　　　c.9月12日 8:00　　　d.9月14日 8:00

e.9月8日 8:00　　　f.9月10日 8:00　　　g.9月12日 8:00　　　h.9月14日 8:00

图12-35　东亚地区地面（a, b, c, d）和850 hPa（e, f, g, h）气压场

在中大尺度天气形势演变的基础上，局部地区气象条件的变化对大气污染物的迁移、扩散和转化等能力有重要影响。图12-36为9月7—16日广州麓湖站O_3、NO_2、$PM_{2.5}$和PM_{10}浓度与地面风向、风速、温度、相对湿度、降雨量的变化曲线。由图可知，7日，广州气温低，吹和缓偏北风，出现明显降水，污染物浓度较低，空气质量优良；8—12日，静小风出现频率增加，地面平均风速低于2 m/s，为弱东北风，温度较高，湿度较大，气压逐渐增大，在这种气象条件下，有利于增强大气氧化性，且扩散条件较差，污染物总体呈积累趋势，麓湖站O_3浓度在9—11日白天飙升，出现3次显著浓度峰值；12—13日，受弱冷空气影响，气温降低，风向转为偏北风，风速较大，湿度降低，扩散条件转好，前期堆积的污染得到一定程度的清除，颗粒物和NO_2污染浓度降幅较为明显；14—16日，冷空气过后，气温回升，风速减小，扩散条件一般，各污染物维持在一级标准的浓度水平。

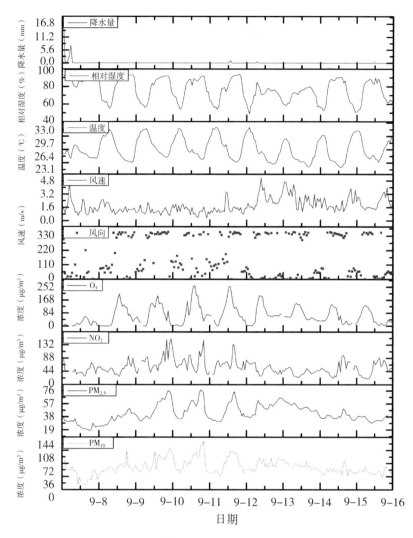

图 12 - 36　9 月 7—16 日广州市麓湖站污染物浓度与地面主要气象要素的时间序列

（3）气团后向轨迹的路径分析。9 月 9 日 8 时和 15 日 8 时广州市上空气流的 48 小时后向输送轨迹见图 12 - 37。500 米、1 000 米和 1 500 米这 3 个不同的高度代表不同的气压层的风场输送轨迹。在污染前期，1 500 米高度气团受东北气流影响，自江西近地面一路上升，抵达广州。500 米和 1 000 米高度的气流活动方向基本一致，均源自东北方向，从福建地区低层出发，先上升至 1 500 米再下降，经福建沿海一带朝西南方向缓慢移动至珠三角城市群。同时，两个高度的气团均出现下沉运动，这使得近地层大气层结稳定，有利于污染物积累。污染后期的后向轨迹显示，500 米、1 000 米和 1 500 米高度的 3 支气团受中高层风场切变影响，均自东南部海洋上空朝东北方向移动，行至粤东地区沿海城市后，气流突然转变，沿西南方向行进抵达广州。来自海洋上空的气团裹挟大量洁净空气至珠三角城市群，对污染物的清除起到一定作用。

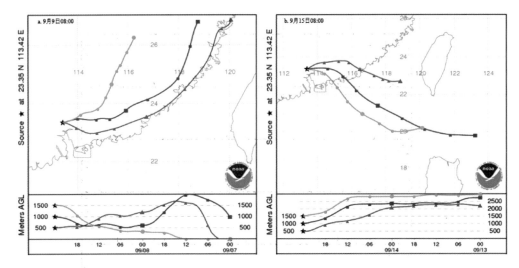

图 12 - 37　广州市上空气团 48 小时后向轨迹图

（4）总结。污染过程前期受高压均压的控制，后期受弱冷空气过境影响。高压系统的下沉气流和近地面风速小、湿度大等不利扩散条件是此次典型污染过程持续的重要气象因素；同时，污染气团的长距离输送对珠三角城市群区域空气质量有重要影响。

12.3.2　冬春季细颗粒物污染案例

12.3.2.1　2015 年 12 月广东省重雾霾污染演变分析

（1）事件回顾。2015 年 12 月 21—25 日，我省珠三角地区发生了一次区域性细颗粒物重污染过程。重污染区域主要集中在珠三角地区，大部分地区出现轻度至中度污染；非珠三角地区空气质量相对较好，整体以良为主，粤东的潮州一带，粤北的韶关和粤西的云浮等地局部出现轻度污染。后期，由于降雨、降温和风速增大等有利大气污染扩散条件出现，全省各地区空气质量明显好转。

结合图 12 - 38 至图 12 - 40 进一步分析珠三角地区空气质量指数和污染物浓度时间变化。21 日，珠三角地区 7 个城市空气质量级别以良为主，广州、佛山 2 市出现轻度污染。22 日，污染程度加重，空气质量以良至中度污染为主。其中，南部沿海城市深圳、珠海、惠州和江门为良，中山、东莞和肇庆为轻度污染，广州和佛山污染最重，为中度污染。佛山市日 AQI 达 186；站点 AQI 小时值最大值达 330，为严重污染；站点 $PM_{2.5}$ 小时浓度最大值为 280 $\mu g/m^3$。23 日，珠三角地区污染情况持续良至中度污染。佛山和广州污染明显高于其他城市，其日 AQI 分别为 180 和 158，为中度污染，并且多个站点 AQI 小时值最大值高于 300，出现严重污染；佛山市站点 $PM_{2.5}$ 小时浓度最大值为 254 $\mu g/m^3$，广州市站点 $PM_{2.5}$ 小时浓度最大值为 263 $\mu g/m^3$。24—25 日，污染扩散条件明显改善，各城市空气质量逐步转至良，且 AQI 维持在较低水平。至此，此次污染过程基本结束。

（2）气象影响因素分析。高空受偏南暖湿气流控制、地面受高压脊控制、地面静风和天气条件静稳是导致此次污染事件的不利气象因素。20 日颗粒物污染开始发酵，

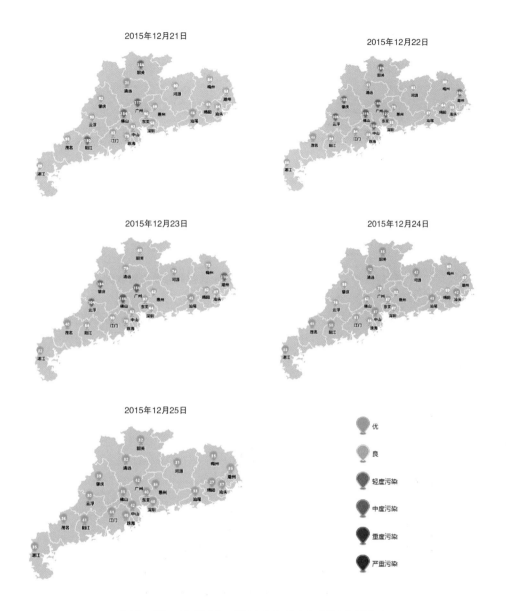

图 12 - 38　12 月 21—25 日广东省空气质量空间分布

22 日夜间达到峰值,最后,24 日下午随着强冷空气的到来而消散(见图 12 - 41、图 12 - 42)。

20 日,冷高压移动到广东省附近,冷高压是由于地表散热、冷却所造成的,地表降温后,近地面的空气温度也随之降低,而冷空气缺乏热能,难以上升,且密度较大,易形成逆温层,有利于污染物的累积。

自 21 日起,由于冷空气减弱变性东移,广东省受 850 hPa 偏南暖湿气流控制,气温回升,空气相对湿度增加,云系较厚,全省大部以阴天转分散小雨为主。地面为高压脊控制,由于风向的转变,地面层开始出现静风天气,导致 21 日起广东省整体城市空气质量由优良状态变为部分城市轻度污染。

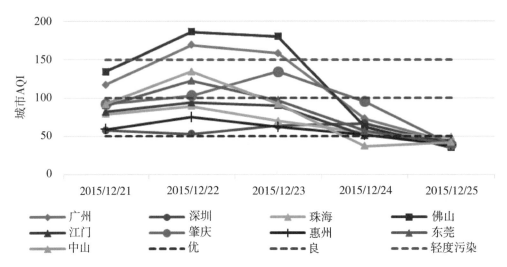

图 12 - 39　12 月 21—25 日珠三角地区空气质量指数变化

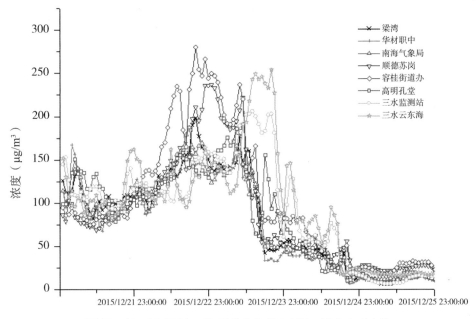

图 12 - 40　12 月 21—25 日佛山多站点 $PM_{2.5}$ 浓度小时变化

22 日，空气温度和相对湿度进一步增加（以广州为例，如图 12 - 43），出现闷热的南风天气，地面层仍受到高压脊的控制，且等压线较稀疏，风速较小，基本为静风控制，加上云系较厚的原因，使得大气扩散条件较差，污染物在水平方向和垂直方向都极难扩散。

23 日，由于粤北地区及部分城市出现了降水，并且地面风速有所增加，扩散条件略微转好，空气污染相比 22 日有所缓解。

24 日，强冷空气给广东省带来一次由北向南的降温大风天气，扩散条件大幅转好，伴随冷空气的大范围降水，污染物迅速扩散并沉降，广东省城市空气质量整体从良至中

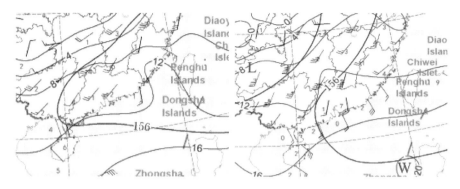

图 12 –41　2015 年 12 月 21 日 8 :00 和 20 :00 东亚地区 850 hPa 天气图

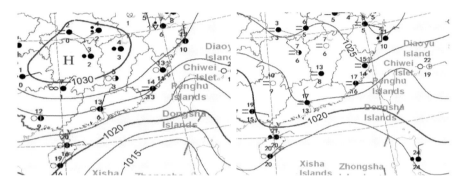

图 12 –42　2015 年 12 月 21 日 8 :00 和 20 :00 东亚地区地面天气图

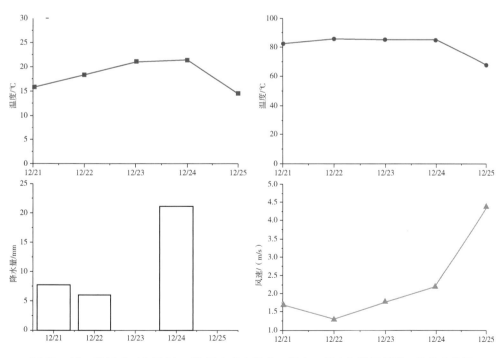

图 12 –43　2015 年 12 月 21—25 日广州市温度、湿度、风速和降雨量的日均值变化图

度污染转为优良。至 25 日,由于持续受弱冷空气的补充,空气质量维持整体为优的水平。

(3)总结。此次大气污染事件是一个持续发展的过程,受众多因素的共同作用,需要全方位的分析,并考虑到包括水平方向、垂直方向和沉降等三方面的扩散过程。

12.3.2.2 2016 年 3 月广东省细颗粒物污染演变分析

(1)事件回顾。2016 年 3 月 25 至 4 月 4 日,我省珠三角、粤东及粤北地区发生一次区域性细颗粒物重污染过程。此次污染过程中,重污染区域由粤北和粤东区域向珠三角区域转移,大部分地区为良至轻度污染;粤西地区空气质量相对较好,整体以良为主;粤东地区潮州一带和粤北韶关地区等局部出现轻度污染。后期,由于降雨、降温和风速增大等有利大气污染扩散条件出现,全省各地区空气质量明显好转,详见图 12-44。

结合图 12-45 进一步分析珠三角地区空气质量指数。2016 年 3 月 29 日,珠三角地区 9 个城市空气质量级别以良为主,广州、佛山 2 市出现轻度污染。3 月 30 日,污染程度加重,空气质量以良至轻度污染为

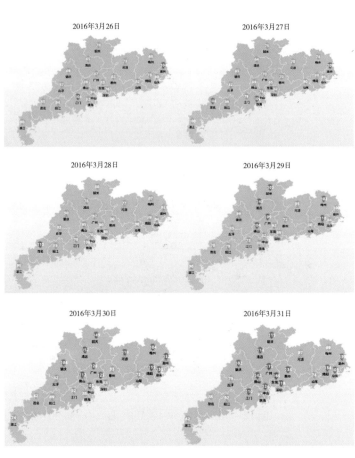
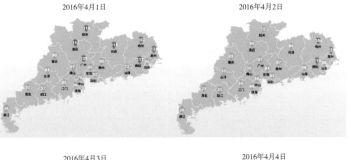
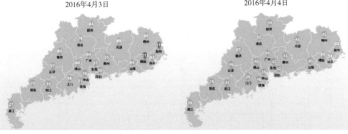

图 12-44 2016 年 3 月 26 日—4 月 4 日广东省空气质量空间分布

主；其中，南部沿海城市深圳、珠海和江门为良，广州、佛山、中山、东莞和肇庆为轻度污染。31日，珠三角地区污染情况持续良至中度污染。除珠海空气质量等级为良外，其他8个城市空气质量等级为轻度至中度污染。东莞和广州污染程度明显高于其他城市，其日AQI分别为168和175，为中度污染。4月1日，珠三角污染扩散条件有所改善，各城市空气质量逐步转为良至轻度污染。但粤北地区污染形势依旧严峻，清远出现中度污染。4月2日，珠三角污染扩散条件持续改善，各城市空气质量逐步转至良。4月3日，珠三角污染扩散条件明显改善，各城市空气质量逐步转至以良为主，其中，中山和深圳空气质量等级为优，且AQI指数维持在较低水平。至此，此次污染过程基本结束。

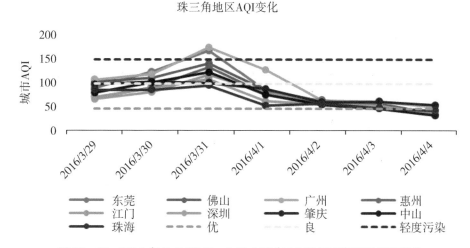

图 12 - 45　2016 年 3 月 29 日—4 月 4 日珠三角地区空气质量指数变化

（2）气象影响因素分析。2016 年 3 月 25—27 日我省受弱冷空气影响，大部多云到晴天，吹轻微偏北风，扩散条件一般，城市空气质量多以良为主。全省吹轻微偏南风，相对湿度增大，气温回升，扩散条件不利，受短时风向切变和风速变化的影响，污染物持续在珠三角累积或向粤东和粤北地区迁移，造成该地区不同城市先后出现中度污染。（见图12 -46 至图12 -48）

4月2日起，西南风风速加大，全省自西向东，空气质量逐渐转为优良。全省吹轻微偏南风，相对湿度增大，气温回升，扩散条件不利，受短时

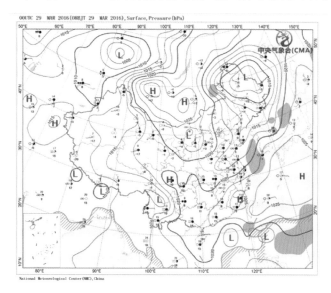

图 12 - 46　2016 年 3 月 29 日天气地面形势分析图

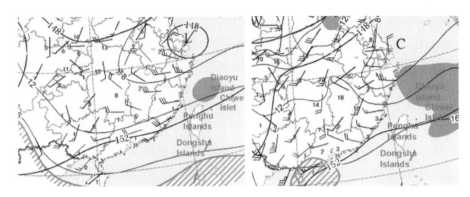

图 12 −47   2016 年 3 月 31 日 0:00 和 12:00 东亚地区 850 hPa 天气图

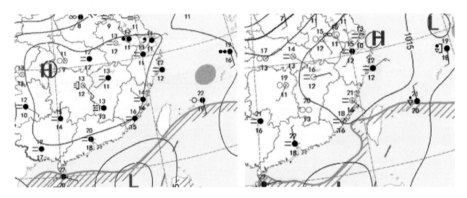

图 12 −48   2016 年 3 月 31 日 0:00 和 12:00 东亚地区地面天气图

风向切变和风速变化的影响，污染物持续在珠三角累积或向粤东和粤北地区迁移，造成该地区不同城市先后出现中度污染。

（3）总结。此次污染是以细颗粒物浓度上升为特征的区域性大气污染事件，由排放源和气象等多因素共同作用而造成，需要全方位的分析，并考虑包括水平方向、垂直方向和沉降等方面的扩散过程，以及颗粒物的区域输送和转化过程。

参考文献

[1] 魏晓琳，林嘉仕，王韬. 台风海棠引起的珠三角地区高臭氧污染的数值模拟及机理研究 [C]. 中国气象学会年会. 2011.

[2] 陈莉，高云峰，忽建永，等. 东亚季风及台风过程与臭氧含量变化的关系分析 [J]. 高原山地气象研究，2017，37（1）：66 −72.

[3] 中国气象局. 热带气旋年鉴（2016）[M]. 北京：气象出版社，2016.

[4] 广东省环境监测中心. 广东省空气质量发布平台 [EB/OL]. (2015 −09 −20) [2016 −03 −15]. http://113. 108. 142. 147：20031/GDPublish/publish. aspx.

[5] 国家气象中心. 天气实况_天气分析_中国_地面分析 [EB/OL]. (2015 −09 −20) [2016 −03 −15]. http://www. nmc. cn/publish/observations. html.

[6] 国家气象信息中心. 中国气象数据网 [EB/OL]. (2015 −09 −20) [2016 −03 −

15］. http://cdc. cma. gov. cn/home.

［7］ NOAA. Global Data Assimilation System（GDAS）［EB/OL］.（2015 – 10 – 12）［2016 – 06 – 30］. ftp://arlftp. arlhq. noaa. gov/pub/archives/gdas1.

［8］ 香港天文台. 天气监测图像_天气图［EB/OL］.（2015 – 12 – 30）［2016 – 06 – 30］. http://www. weather. gov. hk/wxinfo/currwx/wxchtc. htm.

［9］ Draxler R R. Description of the HYSPLIT – 4 modeling system［R］. NOAA Technical Memorandum，1997.

第13章 基于源清单的来源解析方法及应用

本书第3章提到，珠三角及广东省地区开展排放源清单的研究工作起步较早，经过多年的工作积累，逐步建立了多套不同基准年的广东省高时空分辨率大气污染物排放源清单。本章主要介绍利用上述排放源清单开展大气污染来源解析的方法原理，并以2014年排放源清单为基础，介绍其在广东省大气污染来源解析方面的应用，从行政区域、排放源、企业行业、污染物等多个不同角度出发，综合分析基于排放源清单得出的区域大气污染来源解析结果。

13.1 源清单来源解析技术方法概述

利用排放源清单开展污染来源解析的一般步骤是：首先，根据研究对象所在行政区域内的环境管理需求，参考国家相关分类标准，因地制宜构建起本地排放源分类体系；其次，通过文献调研和实地测量等技术方法手段，调查得到各类排放源的排放特征和基准年活动水平数据，选取合适的排放因子和估算参数，建立不同污染源和不同污染物的排放源清单；最后，在此基础上，进一步计算得到各区域、各城市、各行业的污染物排放量，从而定性或半定量地识别重点排放区域、重点排放源对不同污染物排放量的源贡献率，得到综合的污染来源解析结果。

13.2 广东省2014年大气污染物排放总量

2014年，根据对广东省化石燃料固定燃烧源、工艺过程源、废弃物处理源、扬尘源、储存运输源、溶剂使用源、移动源、农业源、生物质燃烧源及其他排放源（餐饮源）这十类污染源（未含天然源）的大气污染源排放清单的初步测算结果，各类污染物的排放总量分别是 SO_2 为52.0万吨、NO_x 为130.9万吨、CO为636.8万吨、PM_{10} 为97.9万吨、$PM_{2.5}$ 为43.2万吨、BC为4.8万吨、OC为7.2万吨、VOCs为122.6万吨、NH_3 为56.7万吨。详见表13-1。

表 13 - 1　广东省大气排放源清单汇总表　（单位：吨）

排放源类别	SO_2	NO_x	CO	PM_{10}	$PM_{2.5}$	BC	OC	VOCs	NH_3
化石燃烧固定燃烧源	368 882	664 851	2 651 775	143 334	90 100	6 050	2 315	10 308	3 941
道路移动源	6 638	388 859	2 049 674	31 980	30 381	15 356	6 931	364 476	15 830
非道路移动源	109 243	225 886	59 494	15 533	14 476	6 713	4 061	18 059	
扬尘源				378 437	53 762	334	4 111		
工艺过程源	26 248	2 231	441 173	243 331	147 870	5 417	5 514	143 127	61
有机溶剂使用								537 161	
工业溶剂使用								348 744	
非工业溶剂使用								188 418	
储存运输源								34 912	
农业源									483 876
生物质燃烧源	7 783	21 115	1 154 993	131 204	65 602	13 401	31 875	86 139	20 463
废弃物处理源	1 115	5 505	2 041	864	1 349			7 455	7 090
其他排放源	27	208	95	35 108	28 017	569	16 804	24 511	35 418
合计	519 937	1 308 654	6 368 314	978 675	431 556	47 841	71 611	1 226 167	566 679

13.3　广东省 2014 年一级排放源分担率及排放贡献源占比

图 13 - 1 和图 13 - 2 展示的是 2014 年广东省 SO_2、NO_x、CO、PM_{10}、$PM_{2.5}$、BC、OC、VOCs 和 NH_3 的排放源分担率及排放贡献源占比。

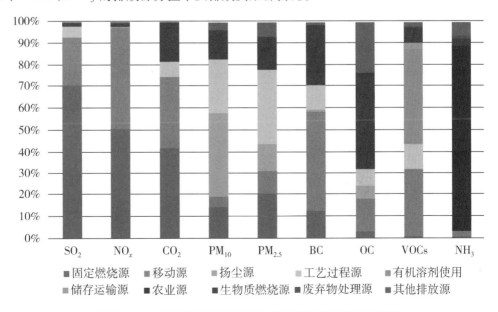

图 13 - 1　广东省 2014 年主要大气污染物各排放源分担率

SO₂

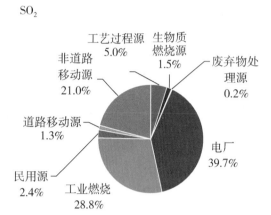

NOₓ

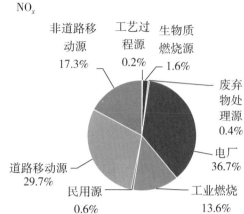

CO

PM₁₀

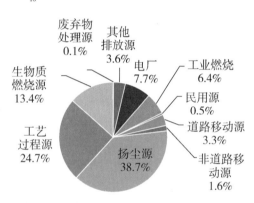

PM₂.₅

BC

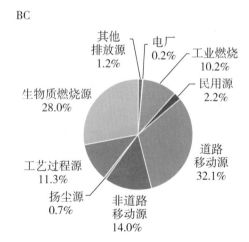

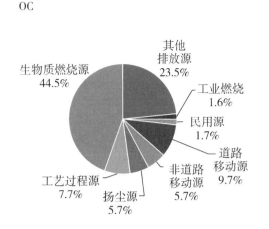

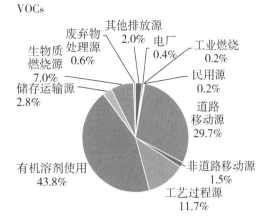

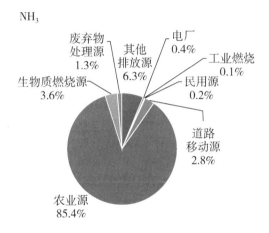

图 13-2 广东省 2014 年主要大气污染物排放贡献源占比

分析图 13-1 和图 13-2 可知，化石燃料固定燃烧源（包括电厂、工业燃烧和民用燃烧源）为最大 SO_2 排放贡献源，分担率达 70.9%，其中电厂和工业燃烧分别占总排放量的 39.7% 和 28.8%，是重要的 SO_2 排放源。这是由于 SO_2 的排放主要来自化石燃料（如煤炭、重油等）所含硫分的燃烧过程。广东省的电厂和工业燃烧部门是最大的化石燃料消费部门，虽然近几年推行"煤改气"，但煤炭依然是电厂和工业燃烧部门的重要燃料，且燃料品质提高空间有限，燃料含硫率较高，从而导致电厂和工业燃烧 SO_2 排放量远高于其他排放源。

电厂和道路移动源是 NO_x 排放的重要贡献源，分担率分别为 36.5% 和 29.7%。由此可见，电厂是 SO_2 和 NO_x 的首要排放源，同时电厂对 $PM_{2.5}$ 排放贡献也较为突出，是 $PM_{2.5}$ 的第三大排放源。而道路移动源也依然是广东省 NO_x 排放的大户，主要原因是随着广东省经济高速发展、人民生活水平提高，机动车保有量持续上升，机动车辆从 2006 年的 430.49 万辆增加到 2014 年的 1 332.94 万辆，这使得广东省的道路移动源 NO_x 排放分担率居高不下。

值得一提的是，非道路移动源（飞机、船舶、渔船、农用机械、农用运输车、施工机械、铁路机车和港口机车）对 SO_2、NO_x 的贡献也不容小觑，分别占总排放量的 21.0% 和 17.3%。这主要是因为广东省水路交通发达，船舶运输业兴盛，但控制力度相对薄弱，使得非道路移动源成为重要的 SO_2 和 NO_x 排放贡献源。

对 CO 来说，工业燃烧源是 CO 最大的排放贡献源，分担率达 36.5%。可见，工业燃烧源是广东省重点污染贡献源。道路移动源是 CO 的第二大排放源，其贡献率高达 32.2%，由于广东省道路交通建设还有待完善，在高峰时段，交通拥堵情况时常发生，这导致机动车在行驶过程中有相当长的一段时间处于怠速或低速状态，造成大量的 CO 排放。生物质燃烧是其第三大贡献源，分担率为 18.1%。主要原因是即使广东省经济高速发展，城镇化建设日趋完善，但农村人口仍占有一定比例，农村居民家庭使用薪柴和秸秆用于炊事的现象仍然存在，民用小炉灶极其简单落后，燃烧不充分，供氧不足，极易产生不完全燃烧产物，且仍有不少农户把农作物秸秆直接在农田燃烧，因此，生物质燃烧成为重要的 CO 排放源。

对于颗粒物排放而言，PM_{10} 的主要排放源来自扬尘源（道路扬尘、建筑扬尘和土壤扬尘），占总排放量的 38.7%，扬尘的粗颗粒物排放来源于道路、建筑施工活动。广东省城市发展规模不断扩大，交通路网日渐通达，建筑活动频繁，且在城乡过渡的市郊区域施工面积大，这些区域多释放出颗粒较粗的扬尘，因此成为首要的 PM_{10} 贡献源。工艺过程源为第二大 PM_{10} 贡献源，排放分担率为 24.7%，主要是来自工业部门水泥、陶瓷、砖瓦、玻璃等工艺生产过程有组织及无组织排放的大量颗粒物。

与 PM_{10} 类似，工艺过程源是 $PM_{2.5}$ 重要贡献源，这是由于现在工业部门所安装的除尘设备对于细粒子的去除效果并不是很理想，所以，相比 PM_{10}，$PM_{2.5}$ 工艺过程源的排放分担率由 24.7% 上升至 34.1%，成为 $PM_{2.5}$ 的首要贡献源；而扬尘源排放的颗粒物以粗粒径为主，其 $PM_{2.5}$ 排放分担率由 38.7% 下降为 12.5%，贡献率大大减少。

此外，生物质燃烧源作为第三大 PM_{10} 贡献源和第二大 $PM_{2.5}$ 贡献源，所占比例分别是 13.4% 和 15.2%，这是因为广东省存在较多农村人口，仍有大量农户以薪柴和农作物秸秆为生活燃料。另外，在农作物收割季节，为了清理田地里残留的农作物秸秆并为下一农作物收割周期准备田地，农户通常把废弃的农作物秸秆直接露天焚烧。由于农作物秸秆焚烧比例较高，且燃烧设备简陋、技术落后、燃烧效率低，结合广东省农作物播种面积大和作物产量高的情况，生物质燃烧源对颗粒物的贡献尤其值得关注。

同时，生物质燃烧源也是第二大 BC 贡献源和第一大 OC 贡献源，贡献率分别为 28.0% 和 44.5%。对于 BC，道路移动源是最大排放源，其贡献率达 32.1%。机动车中又以柴油车对 BC 的来源贡献较高，原因是柴油车的老化及油品的不完全燃烧导致机动车排放的 BC 比例较高。与 BC 不同，OC 的首要贡献源为生物质燃烧源，其次为其他排放源，贡献率为 23.5%。其他排放源中主要是因为餐饮业油烟排量大，且油烟处理效率低，使 OC 排放比例较大。

对于 VOCs 而言，广东省的最大贡献源是有机溶剂使用源，贡献率达 43.8%。其中，印刷业、家具制造业、电气机械和器材制造业是工业溶剂使用源的主要排放行业，建筑涂料、农药使用等非工业有机溶剂使用源排放也较大。道路移动源为第二大 VOCs

贡献源,排放分担率为 29.7%。道路移动源的 VOCs 主要来自汽油小客车,主要原因是汽油小客车基数大,且尾气排放中的 VOCs 含量较高,是 VOCs 贡献率最大的机动车车型。此外,工艺过程源排放的 VOCs 也较多,贡献率为 11.7%,是第三大 VOCs 贡献源。

NH_3 排放有 85.4% 来源于农业源的畜牧业和农业施肥。其中,畜禽养殖的 NH_3 排放来源于畜禽粪尿等排泄物的含氮物质在微生物作用下氧化分解,农业施肥排放的 NH_3 则是氮肥施用过程中挥发所致。由于广东省农村畜禽养殖场较为密集,并且农业耕种面积较大、氮肥施用量大,从而导致农牧业成为最大的 NH_3 贡献源。

13.4 广东省 2014 年重点排放源贡献率

基于上述分析可知,化石燃料固定燃烧源、移动源、扬尘源、工艺过程源、有机溶剂使用源和生物质燃烧源是广东省重要的大气污染源,下面就这几类排放源分别进行污染排放特征分析。

13.4.1 化石燃料固定燃烧源

化石燃料固定燃烧源估算包括三大子源,即电厂、工业燃烧源和民用源。广东省化石燃料固定燃烧源排放的 SO_2 为 519 937 吨,NO_x 为 1 308 664 吨,CO 为 6 368 314 吨,PM_{10} 为 978 675 吨,$PM_{2.5}$ 为 431 556 吨,BC 为 47 841 吨,OC 为 71 611 吨,VOCs 为 1 226 167 吨,NH_3 为 566 679 吨。

由图 13-3 可知,化石燃料固定燃烧源中主要的贡献源为工业燃烧和电厂,这主要是由于燃煤、燃油锅炉大量消耗燃料,并且工业燃料品质相对较差,二者排放的污染物 SO_2、NO_x、CO、PM_{10}、$PM_{2.5}$、BC、OC、VOCs 和 NH_3 分别占固定燃烧源总量的 96.6%、98.8%、97.7%、96.5%、95.9%、82.6%、48.8%、74.9% 和 74.7%。此外,广东省目前能源消费结构仍以煤炭为主,且能源利用率低、能耗大、燃煤洁净率低,使得燃煤的污染最为严重。

13.4.2 移动源

13.4.2.1 道路移动源

道路移动源是广东省 NO_x、CO、BC 和 VOCs 的重要排放源,不同类型的车辆由于燃料类型、行驶里程、运营比例、保有量和发动机性能等特征参数的不同,其对污染物的贡献水平差异较大。由图 13-4 道路移动源不同车型的排放贡献率可以看出,在机动车的各车型中,汽油车(主要以汽油小客车为主)是 SO_2、CO、VOCs 和 NH_3 的重要贡献源,占所有车型排放量的比率分别达 47.0%、67.0%、55.4% 和 90.3%,这与汽油车保有量较高、燃料利用率低且极易挥发等因素密切相关。柴油车(主要以柴油大货车为主)是 NO_x、PM_{10}、$PM_{2.5}$、BC 和 OC 的最大排放车型,主要原因是当柴油大货车载货较多,发动机负载因子过高时,柴油与空气在发动机燃烧室内难以混合均匀,油气混合物在高温缺氧条件下容易碳化形成碳烟,造成更多的颗粒物等污染物的排放。

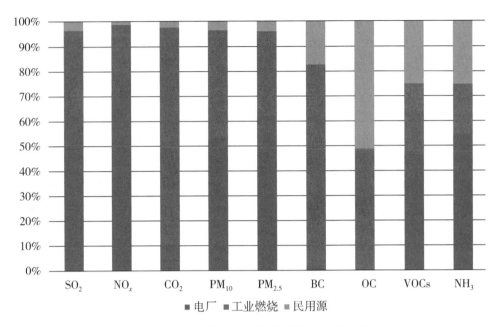

图 13 - 3　化石燃料固定燃烧源污染物排放比例

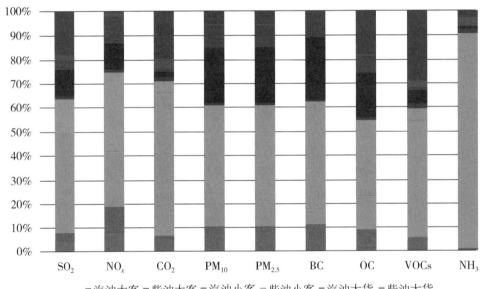

图 13 - 4　道路移动源不同车型的排放源贡献率

13.4.2.2　非道路移动源

非道路移动源是广东省 SO_2、NO_x 排放的重要贡献源，占全省排放量分别达 21.0%
和 17.3%。由图 13 - 5 可知，船舶和渔船是非道路移动源中重要的排放贡献源，在非道
路移动源中，二者对 SO_2 和 NO_x 的贡献率分别为 94.7%、76.8%。这主要是因为广东
省内水系发达，渔业兴盛，水陆交通便利，拥有国内重要对外贸易港口。

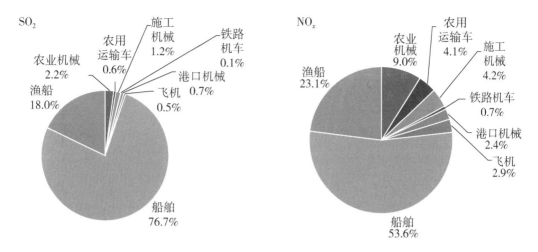

图 13 −5　非道路移动源不同来源的排放对 SO_2 和 NO_x 贡献率

13.4.3　扬尘源

2014 年广东省的扬尘源主要包括道路扬尘、施工扬尘和土壤扬尘。扬尘源是 PM_{10} 第一大贡献源，其 PM_{10} 排放量为 378 437 吨，贡献率达 38.6%。

由图 13 −6 可知，道路扬尘为 PM_{10} 的主要贡献源，分担率为 72.7%，而道路扬尘的一级道路和高速路又是主要的贡献来源。主要原因是广东省目前仍处于城市建设期，道路建设、城市发展规模不断扩大，建筑活动频繁，施工面积大，因此对于大气中粗颗粒物 PM_{10} 贡献较大。

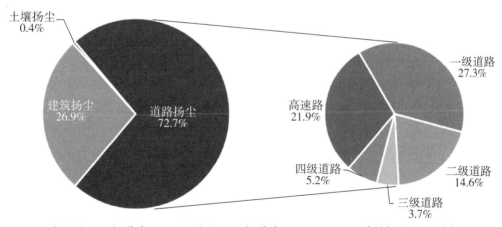

图 13 −6　扬尘源不同来源的排放对 PM_{10} 贡献率

13.4.4 工艺过程源

广东省 2014 年工艺过程源主要涉及石油加工业、黑色金属冶炼和压延加工业、有色金属冶炼和压延加工业、塑料制品业、合成材料、橡胶制造与制品业、化学原料和化学制品制造业、医药制造业、涂料与油墨制造业、造纸和纸制品业、食品制造业、化学纤维制造业、非金属矿物制品业等行业。

工艺过程源是 PM_{10}、$PM_{2.5}$ 的主要贡献源，PM_{10}、$PM_{2.5}$ 的排放量分别为 243 331 吨、147 870 吨，分担率分别为 24.7%、34.1%。由图 13-7 可知，在工艺过程源各个行业中，水泥制造与制品业是 PM_{10} 和 $PM_{2.5}$ 排放的大户，水泥生产过程中的污染主要来源于窑炉煤炭的燃烧以及产品生产过程中如原料准备等各种工艺的无组织逸散。因此，有效控制水泥生产过程的污染物，对降低工艺过程源的污染贡献率有很大的效果，特别是对于工艺过程源贡献率较大的颗粒物（PM_{10}、$PM_{2.5}$）而言尤为重要。

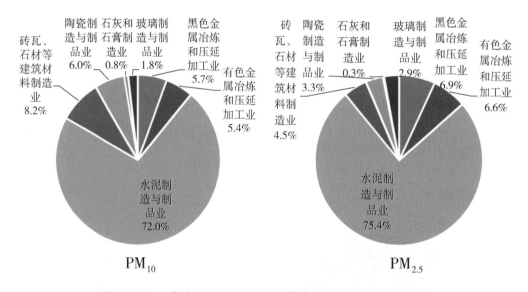

图 13-7 工艺过程源中不同来源的排放对 PM_{10} 和 $PM_{2.5}$ 贡献率

对于 VOCs，工艺过程源是仅次于有机溶剂使用源和道路移动源的第三大贡献源，如图 13-8 所示，在工艺过程源排放 VOCs 的各行业中，食品制造业、塑料制品业、石油加工业，以及涂料与油墨制造业为主要的贡献源，其贡献率分别为 32.5%、15.6%、16.7% 和 9.9%。

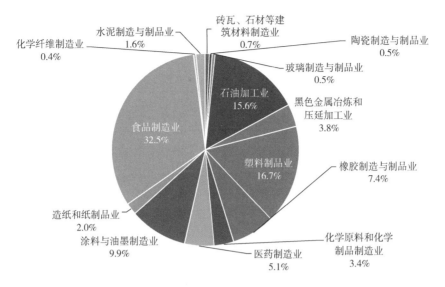

图 13-8　工艺过程源 VOCs 排放特征

13.4.5　溶剂使用源

如图 13-9 所示，广东省溶剂使用源采用点源和面源相结合的方式进行计算，包含工业和非工业溶剂使用源两类，贡献率分别为 64.9% 和 35.1%。其中，工业溶剂使用源中又以印刷、家具制造和家电涂层贡献较为突出，分担率分别为 12.1%、11.5% 和8.9%；非工业溶剂使用源中，建筑涂料使用和农药使用是主要贡献源，占比分别为10.4% 和 8.2%。

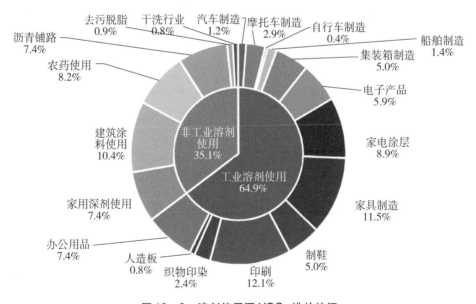

图 13-9　溶剂使用源 VOCs 排放特征

13.4.6 生物质燃烧源

广东省 2014 年生物质燃烧源包括户用秸秆、户用薪柴、秸秆露天焚烧和森林火灾。其中 SO_2、NO_x、CO、PM_{10}、$PM_{2.5}$、BC、OC、VOCs 和 NH_3 的排放量分别为 7 783 吨、21 115 吨、1 154 993 吨、131 204 吨、65 602 吨、13 401 吨、31 875 吨、86 139 吨和 20 463 吨，贡献率分别为 1.5%、1.6%、18.1%、13.4%、15.2%、28.0%、44.5%、7.0% 和 3.6%，生物质燃烧是 CO、PM_{10}、$PM_{2.5}$、BC、OC 排放的重要贡献源。

由图 13-10 可知，户用秸秆和户用薪柴是生物质燃烧中最重要的两大贡献子源，其对 SO_2、NO_x、CO、PM_{10}、$PM_{2.5}$、BC、OC、VOCs 和 NH_3 的贡献率分别占生物质燃烧源总量的 93.3%、76.5%、91.5%、81.5%、81.5%、94.8%、87.1%、85.2% 和 96.1%。主要原因是广东省农村使用传统炉具仍不在少数，传统户用燃烧设备简陋、技术落后、柴薪燃烧效率低，而且广东省农作物播种面积大、作物产量高，秸秆燃烧量大。

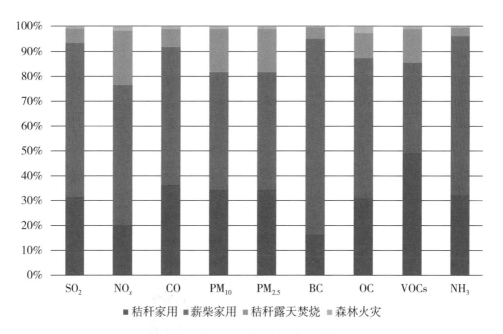

图 13-10　生物质燃烧源各污染物排放特征

13.5 不同城市和地区 2014 年大气污染物排放源贡献率

如图 13-11 和图 13-12 所示，从广东省 21 个行政辖区内城市来看，污染物排放主要集中在佛山、广州、清远和肇庆等地。将广东省分为珠三角、粤东、粤西和粤北 4 个区域，对比其排放贡献，SO_2、NO_x、CO、PM_{10}、$PM_{2.5}$、BC、OC 和 VOCs 排放主要集中在珠三角地区，NH_3 排放主要集中在粤西地区。这主要与广东省的社会发展和产业结构有关。

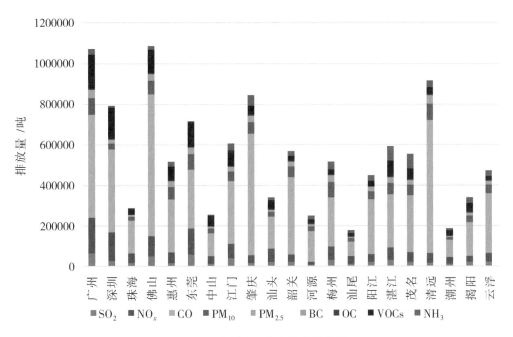

图 13 -11 各城市主要污染物排放情况

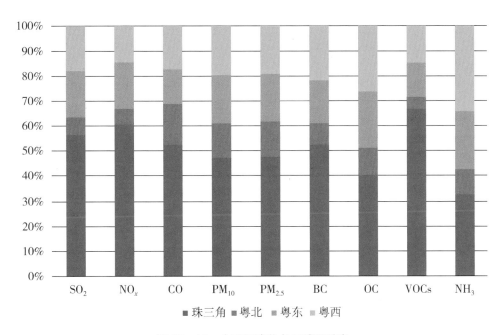

图 13 -12 主要污染物各区域贡献率

13.6 主要污染源时间特征分析

13.6.1 电厂

（1）月变化系数。不同燃料类型的电厂具有不同的时间排放特征，因此，针对主要产生污染物的火电厂进行分类，可将其分为燃煤电厂和燃气电厂。根据调研获取广东省典型企业分月发电量数据，研究其月变化规律。

从图13-13可以看出，春节期间（2014年1月份、2014年2月份），由于社会生产大幅度减少，发电量也随之迅速降低，其余时间总体趋势较为平稳。其中，由于广东省居民生活用电量较为集中在夏季空调消耗上，因此电厂发电量呈现出夏季高冬季低的趋势，但同时又受到工业生产等社会经济因素的影响，其余月份也会出现高峰值。

相较于煤电，气电的月变化波动较大，这主要与两种电厂的性质有关：气电厂具有可即开即停的灵活性，但不是主要的发电类型，约占总发电量的10%，其作用一般用于调峰，适应全社会用电量的变化；而煤电厂作为现阶段最主要的火电厂类型，对总发电量的变化趋势影响较大，具有一定的稳定性，短时间的发电量大幅度变化较少。

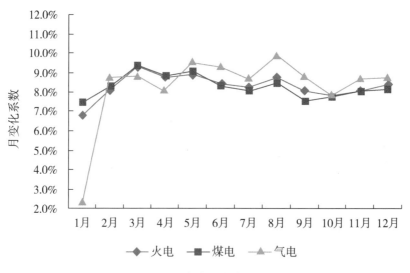

图13-13 2014年电厂发电量月变化系数

（2）小时变化系数。基于前期调研典型电厂企业的小时发电量数据，根据广东省发电量数据，可得出不同典型日的小时变化曲线，如图13-14所示。

由图可知，无论是冬季还是夏季，每天的曲线存在着三峰三谷。夏季（8月）全天最高峰一般出现在11时左右，下午高峰出现在15、16时，晚高峰出现在20时左右；冬季（12月）早高峰也一般是11时左右，下午高峰出现在17时左右，晚高峰约在19时。两者均符合社会生产与居民生活出行规律。夏季和冬季高峰的最显著差异在于晚高峰时段，冬季的下午高峰和晚高峰时段较为接近，且峰谷差较小，受温度影响较大。若温度较低,由于晚间保温的负荷增加,晚高峰很有可能成为全日最高峰。而节假日后典型日由于选取的是夏季时段,因此与 8 月典型日的曲线较为一致,但峰谷差异更大。

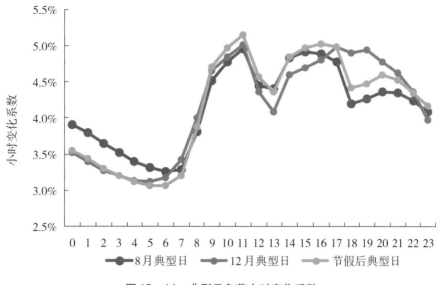

图 13 - 14　典型日负荷小时变化系数

13.6.2　道路移动源

(1)日变化系数。根据调研获取治安卡口的统计数据,统计分析周一至周日所选道路上大型车和小型车的车流量,如图 13 - 15 所示。

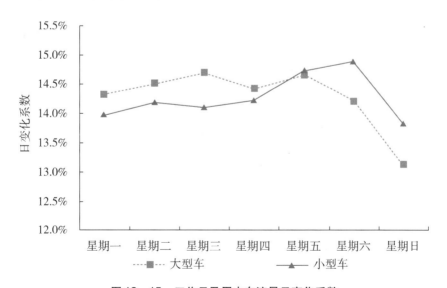

图 13 - 15　工作日及周末车流量日变化系数

如图 13 - 15 所示,由于小型车多为私人车辆,居民自用比例较大,具有更大的灵活性,因此其车流量的变化差异较大,于周五和周六出现明显高峰,周日则为最低值。

这与居民生活行为特征相一致：周五和周六较多外出计划或从外地跨城市返回居住地等；周日则更多地处于休息状态，减少了外出使用机动车的比例。而大型车主要包括的是大货车、大客车以及公交车等非私用运营汽车，体现出工作日排放水平较高但更为平均，而周末排放水平低但变化幅度较大的总体趋势。这主要是因为营运车辆一般具有固定的班次安排，且集中在工作日，而周末由于工业企业多为休息日，货物运输也会相应地减少。

（2）小时变化系数。基于调研获取的治安卡口的统计数据，选取典型道路并分析小时车流量数据，由图 13－16 可以得出，各种车型的总体时间变化规律较为一致：均是从 5:00 至 6:00 之间开始进入快速增长阶段，于 8:00 达到上午高峰，在 12:00 时左右出现小低谷，随后进入下午高峰期并大多在 17:00 至 18:00 左右达到最高值，进入夜晚后则持续下降。这与人们日常工作及休息时间规律相符：一般来说，企业单位和工厂的上班时间从 9:00 开始，到 17:00 结束，中午 12:00 至 13:00 多为午间休息时间。因此，上班前以及下班后的时段是一天中的两个车流高峰期，而中午休息时段将会暂停一部分的业务，导致了小低谷的出现。而相对于其他车型，摩托车的早晚两个高峰值较大，这主要是因为虽然广东省已逐渐实施"禁摩"政策，但目前摩托车的保有量仍然较大，且在一些远离市区的区域，摩托车出行也较为频繁。且小型货车由于避开早晚高峰人流时段，早晚两高峰值也较为接近。

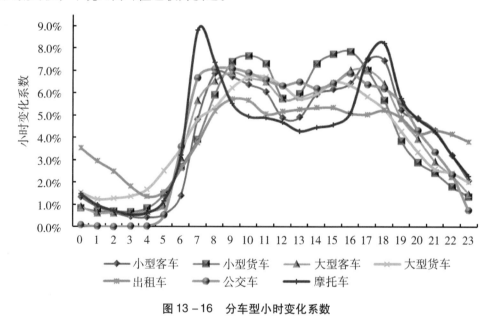

图 13－16　分车型小时变化系数

13.6.3　储存运输源

根据调研获取的典型加油站油品经销量的分月统计数据，可得到储存运输源的月排放变化系数。如图 13－17 所示，从 1 月至 12 月，汽油和柴油销售量总体波动不大，并在 2 月份时出现最低谷，这是因为 2 月份适逢春节，人们减少出行，油品相应的销售量下降，除此之外的月份油品销售量变化不大，该数据符合社会生产和人们出行情况。

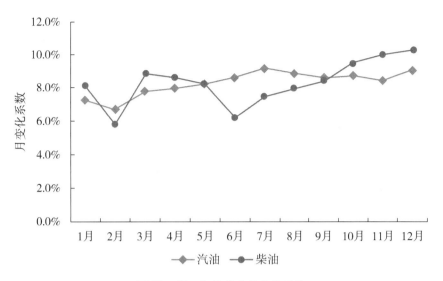

图 13 - 17　加油站产品变化系数

13.6.4　工业燃烧源和工艺过程源

根据企业调研获取的各行业产品产量的分月统计数据，可得工业燃烧源和工艺过程源的月排放变化系数。如图 13 - 18 所示，各个行业有各自的生产规律，但总趋势为 1 月向 12 月递增，这是由于 2014 年 1 月底 2 月初为春节期间，该时段内生产需求较低，且年前产品略有积压，因此产量较低。而年底则是为了应对即将到来的春节假期，而加紧生产，符合经济社会工业生产状况。值得一提的是，陶瓷和水泥等非金属矿行业的波峰与波谷差距较大，主要是因为这些行业受市场需求影响较大，因此会根据市场需求来大幅度调整产品产量，且石油化工行业也受到国内油价变化的影响，也与其他行业波动趋势呈现出较大的差异。

13.6.5　有机溶剂使用源

与工业燃烧源和工艺过程源同理，工业有机溶剂使用源同属工业属性，污染物排放与产品产量有直接关系，同样适于用有机溶剂使用行业的产品产量来作为表征数据，数据主要来源于前期企业调研，其变化趋势与工艺过程源类似，各行业生产波动有各自的特点，但总趋势也呈现出产品产量从年初上升到年末下降的趋势，主要原因也是春节过后各行业企业逐渐开工，到年中时有个相对高峰，但随着年末将近，为保证货物清仓，需要减少产品生产。如图 13 - 19 所示。

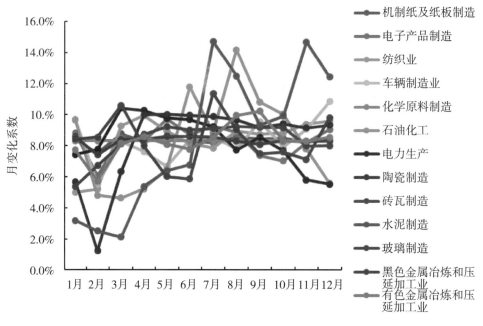

图 13-18　工业行业月变化系数

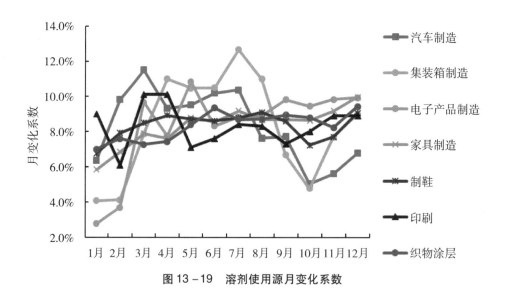

图 13-19　溶剂使用源月变化系数

13.7　主要污染物空间特征分析

根据以上建立的广东省大气排放源清单空间分配方法体系，利用 ArcGIS 软件对 2014 年广东省主要人为源污染物进行空间渲染，得到 SO_2、NO_x、CO、PM_{10}、$PM_{2.5}$、VOCs 和 NH_3 的空间分布结果，如图 13-20 至 13-26 所示。总体上，各污染物的空间分布各有异同。相同点是各种污染物（除 NH_3 外）排放主要集中在珠三角区域，并且各污染物在广东省都不规则地分布了若干高值网格，主要是由于这些网格中存在高污染工业点源及燃煤电厂；不同点是污染物空间集中程度不同，具体排放区域形状不同。各污染物分布特征介绍如下。

13.7.1　SO_2 空间分布特征

如图 13 – 20 所示，从 SO_2 的空间分布来看，排放量较大的区域主要集中在经济发展较快的地区，如广州、东莞、佛山等珠三角工业企业较密集、能源消耗量大的城市，这主要是由于珠三角区域经济快速发展，工业点源、电厂分布较为集中；其次，广东省内水路交通便利，货物运输、渔船活动频繁，因此在沿江区域也存在 SO_2 排放高值区；另外，在珠三角区域外，其他城市中也分布着一些 SO_2 排放量较大的网格，比较分散，主要来自一些小的工业源、电厂源、居民生活面源以及非道路移动源的排放等。此结果与电厂、工业燃烧源和非道路移动源为广东省 2014 年 SO_2 主要贡献源的污染特征较为一致。

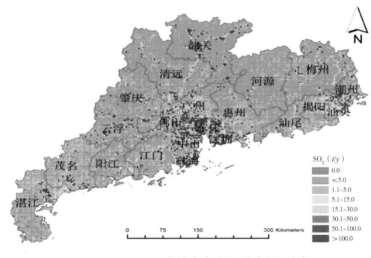

图 13 – 20　2014 年广东省 SO_2 排放空间分布

13.7.2　NO_x 空间分布特征

从图 13 – 21 可知，NO_x 排放量较大的区域主要集中在工业发达、能源消耗量大、人口密集的广州、佛山、东莞和深圳等地，这些地区的大部分区域呈现出 NO_x 网格排放较大的现象，其中排放量较为突出的网格来自电厂、港口等大的排放点源。对比 SO_2 的空间分布图，可以看出 NO_x 在珠江沿岸区域也出现较高值，这与珠江频繁的船舶活动有关，船舶活动导致 NO_x 排放水平较高。而在道路密集、交通流量大的区域，NO_x 排放呈现出比较明显的带状路网分布，即 NO_x 排放沿着道路网所在的网格区域延伸分布，且部分区域同时受工业源和道路移动源的共同影响；NO_x 排放整体呈现块状分布，表明机动车对广东省 NO_x 的排放贡献较为突出。这一结果也较为符合电厂、道路移动源和非道路移动源为广东省 2014 年 NO_x 主要贡献源的污染特征。

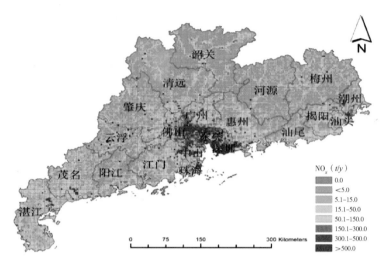

图 13 −21　2014 年广东省 NO_x 排放空间分布

13.7.3　CO 空间分布特征

根据 13.3 节的分析，CO 的排放主要来自工业燃烧源、道路移动源以及生物质燃烧源，这与 CO 空间分布的情况较为吻合。如图 13 −22 所示，与 SO_2 和 NO_x 情况类似，CO 排放的高值区主要集中分布在深圳、广州、东莞和佛山等地，而这些地区经济较为发达，工业点源分布集中。受工业燃烧源和火电厂的影响，位于重大点源所在的网格中，CO 的排放量很大。由于道路移动源是 CO 的重大贡献源，因此，CO 排放呈现出明显的路网带状变化特征。此外，CO 是由于燃料的不完全燃烧而产生的，生物质燃烧源也是 CO 的排放贡献源，所以在粤西、粤北、粤东较为偏僻地区也存在 CO 排放较为突出的网格。

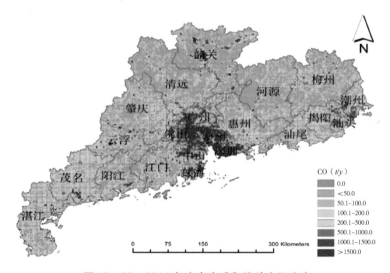

图 13 −22　2014 年广东省 CO 排放空间分布

13.7.4 PM₁₀空间分布特征

由 13.3 节分析，PM_{10} 的排放主要受道路扬尘源、工艺过程源和生物质燃烧源的影响，如图 13-23 所示，PM_{10} 排放量大的区域主要分布在广州、东莞和佛山地区，珠三角外围的部分城市也呈现出高值区，整体呈现带状分布特征。这是由于广东省机动车保有量大，路网密集。因此，PM_{10} 的排放整体呈现沿着道路网所在网格区域延伸的块状分布特征。另外，广州、东莞和佛山大型水泥陶瓷厂所在的网格，颗粒物排放量也较大；生物质燃烧源的 PM_{10} 排放贡献也较为突出，所以，广东省的部分偏远山区 PM_{10} 也有较高的分布。

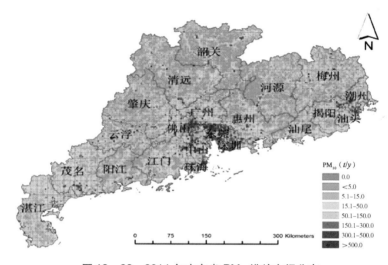

图 13-23　2014 年广东省 PM_{10} 排放空间分布

13.7.5 PM₂.₅空间分布特征

$PM_{2.5}$ 的排放主要受工艺过程源、生物质燃烧源和电厂的影响，与 PM_{10} 相比，$PM_{2.5}$ 在空间分布上表现出极高的相似性，只是在网格排放的量级和带状分布特征在一定程度上被弱化，这也说明 PM_{10} 在广东省各区域排放量总体大于 $PM_{2.5}$，且道路扬尘对于 $PM_{2.5}$ 的贡献远不及 PM_{10}，而排放量大的网格主要集中在广州、佛山、东莞等地，主要是因为这些地区工业企业和电厂分布较为密集，与 PM_{10} 类似，在广东省较为偏远的地区也存在 $PM_{2.5}$ 排放的高值区，原因也是因为偏远地区生物质燃烧较为频繁。这也与清单贡献结果以及工艺过程源、生物质燃烧源和电厂为 $PM_{2.5}$ 的主要来源具有相互验证性。详见图 13-24。

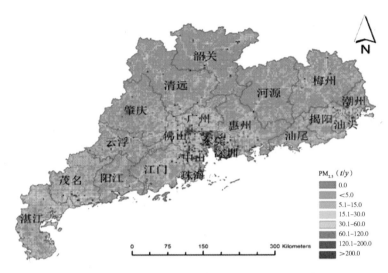

图 13 -24 2014 年广东省 PM$_{2.5}$ 排放空间分布

13.7.6 VOCs 空间分布特征

VOCs 排放量较大的区域主要集中在珠三角地区，原因是其排放主要来自有机溶剂使用源、道路移动源和工艺过程源等，广州、佛山、东莞、深圳和中山等地有着较高值网格，主要因为这些地区分布着众多的工业产业园区，所以有机溶剂使用源和工艺过程源贡献较为突出。此外，VOCs 排放也呈现出一定程度的网带状分布，这与道路移动源作为 VOCs 重要贡献源密不可分。值得一提的是，这些地区的 NO$_x$ 的排放也较高，而高VOCs、NO$_x$ 的排放也为 O$_3$ 的生成提供了条件，因此对 O$_3$ 进行控制具有一定的难度。详见图 13 -25。

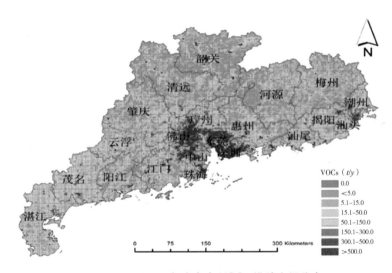

图 13 -25 2014 年广东省 VOCs 排放空间分布

13.7.7 NH₃空间分布特征

NH₃的排放空间分布主要受农业源的影响，由13.3节分析可知，农业源对NH₃的贡献率高达85.4%，如图13－26所示，NH₃主要分布在肇庆、湛江、佛山、茂名和潮汕等地市的农村地区，这是因为在农村地区畜牧业较为发达，且对养殖畜牧方面排放的NH₃没有加以控制。此外，其他排放源中的餐饮源对VOCs的贡献也不容小觑，其对NH₃的贡献率也可达6.3%，因此，从整体上来看，全省呈现散点高值分布特征，主要是因为这些地区人口相对密集，餐饮企业星罗棋布，但目前对餐饮油烟控制力度不足。

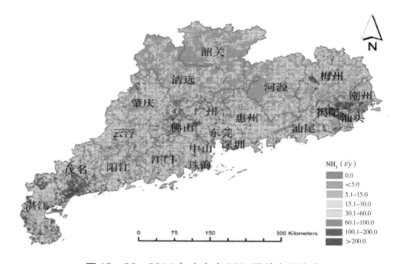

图13－26　2014年广东省NH₃排放空间分布

第14章 基于数值模型的来源解析方法及应用

从排放源出发基于大气扩散模式的源解析技术，是主流的大气污染来源解析技术之一，是评估城市大气污染物的来源及各来源所占比例的有效手段。利用该方法不仅可以定性地识别大气污染物的来源，还可以定量地计算出各个污染源对大气污染物浓度的贡献值（分担率），在大气污染呈复合型和区域性特征的背景下其应用较为广泛。基于区域空气质量数值模拟系统及高性能计算系统能够较好地应用大气污染来源解析方法，开展区域典型臭氧和细颗粒物污染来源识别与追踪应用。

14.1 方法概述

由于大气污染物的来源广泛，弄清城市大气污染物的来源及各来源所占比例，成为环境管理和科学决策的一个非常重要而又复杂的课题。不仅要定性地识别大气污染物的来源，还要定量地计算出各个污染源对环境污染的贡献值（分担率），这就是源解析技术。大气污染源解析技术的两大主流方向，一是从排放源出发基于大气扩散模式的源解析技术；二是从环境受体出发的基于受体模型建立起来的源解析技术（唐孝炎等，2006）。目前，国内外大气扩散模式中主要适用的源解析技术包括敏感性试验法和源示踪法。

14.1.1 敏感性试验法

（1）强制法。主要原理是通过对目标源进行消减来判断其对目标地区的贡献。具体做法为：对目标源排放进行消减，重新运行模式，将输出结果与模式基准条件下的结果进行比较，进而获取目标源对目标地区污染物浓度的贡献。这种方法的概念简单，在不同类型的空气质量模式中都比较容易实现，但计算量大，而且在源排放量变化较小的情况下，计算结果易受到系统误差的影响。该方法是最简单和最常用的方法，得到了广泛的应用。

（2）归零法。归零法和强制法原理类似，不同的是强制法改变一定程度的排放输入条件，而归零法将特定排放源设为零。此方法要求针对每种排放源做一次归零法模拟，需要较多的计算资源。另外，如果某种排放源较小，归零法的准确性也会相应地降低。归零法可以直观地评估被归零排放源的影响，并适用于任何模式。然而，此敏感性方法并不适用于非线性系统，因为单一的归零排放源的作用累加并不等于总浓度。

（3）去耦合直接法（Decoupled Direct Method，DDM）。DDM（ENVIRON，2010）方法能得到与强制法类似的敏感性分析结果，不同的是该方法直接耦合到大气化学模式。该方法在 CAMx 模式中得以应用，主要研究颗粒物的来源；Yang 等（1997）在 CIT 模式中利用 DDM 方法研究臭氧的来源。DDM 的优势是具有较高的计算效率，并能获得与强制法较为相似的信息。缺点是该方法较难植入大气化学模式，并需要较大的计算内存；另外，这种敏感性方法也不适用于非线性系统。

上述方法在研究一次污染物的来源中得到了广泛的应用，因为一次污染物在模式中的源和受体关系是近似线性的。然而臭氧和细颗粒物是大气中通过一系列光化学反应形成的二次污染物，其浓度水平对前体物的排放变化具有非线性的化学响应特性，因此，上述方法在二次污染物的应用中无法避免非线性问题，误差较大。

14.1.2　源示踪法

源示踪法以示踪的方式获取有关污染物及前体物生成（或排放）和消耗的信息，并统计不同地区、不同种类的污染源排放以及初始条件和边界条件对污染物生成的贡献。例如，模式中物种 X 有很多来源，而示踪物 x_i 表示污染来源 i 的贡献，因此，总浓度 X 等于各来源的总和（$X = \sum x_i$）。基于示踪物的计算方法，可以得到每个标识来源的贡献情况，难点是在模式中如何保持质量守恒。

为了解决质量守恒及非线性问题，国内外研究人员在空气质量模式中研发了一些用于追踪和识别臭氧和二次气溶胶来源的模式技术，通过在线模拟的方法，避免非线性过程带来的误差，同时提高计算效率。Li 等（2008）在区域化学传输模式 NAQPMS 中建立了一种臭氧来源的在线示踪方法，对在不同地区生成的臭氧予以标记，在模拟过程中追踪产生于各地区的臭氧的变化情况，并应用于中国中东部地区近地层臭氧的来源研究中。Yarwood 等（1996）发展了一系列臭氧识别技术，将其建立在美国 ENVIRON 公司开发区域空气质量模式 CAMx 中。这套技术也以示踪的方式，采用过程分析和敏感性分析相结合的方法识别臭氧来源，其中，臭氧源识别技术（Ozone Source Apportionment Technology，OSAT）将 O_3 来源归因于不同地区、不同类型的污染源贡献；地区臭氧评估技术（Geographic Ozone Assessment Technology，GOAT）则不考虑 O_3 生成的前体物来源，而是关注 O_3 生成所在的地理区域，在功能上与 Li 等（2008）在 NAQPMS 中建立的臭氧示踪方法类似。Ma 等（2002a、b）在中国地区对流层臭氧区域化学输送模式中建立了 $NO_x - O_3$ 源示踪法，通过在模式中加入具有反应活性的含氮物种和臭氧的示踪物，并采用与被示踪物质相同的物理化学过程模拟方法，模拟研究了中国地区不同类型的源排放、平流层与对流层交换、外界输入以及化学反应等各种过程对 NO_x 和 O_3 浓度的影响。Kleeman 和 Cass（2001）发展了颗粒物源追踪技术（Source Oriented External Mixture，SOEM），利用具有代表性的示踪物粒子追踪不同来源的一次颗粒物；对于二次颗粒物，需要在模式中增加反应的示踪物来追踪其来源，这样就需要在化学机制中额外增加不同来源的二次颗粒物及其气态前体物的化学反应。SOEM 方法能够更准确地追踪其污染来源，但其主要的缺点是计算资源需求较大。

14.2 颗粒物来源追踪技术原理

颗粒物来源追踪技术是敏感性分析和过程分析的综合方法，能有效地追踪不同地区、不同种类的颗粒物或者不同排放时段的污染排放对目标研究区域颗粒物的生成贡献，有效减少和避免误差产生；同时，该方法简单易用，能减少原始数据处理、模拟预测及后处理分析等过程的复杂性和烦琐性，减少模拟分析时间，提高模拟预测分析效率。

颗粒物源解析模式的假设条件有以下三个。

（1）颗粒物源解析模式的一个基本假设是每种颗粒物可以按一次排放前体物分配其来源。

（2）空气中的气态前体物与颗粒物是充分混合的，同一种污染物在所有标识来源中具有相同的化学反应属性。

（3）定义的颗粒物前体物的标识来源有初始条件、外边界条件、上边界条件以及地理区域、排放源类型、排放时段。由于物种浓度需要 100% 分配到各种来源，必须包括所有可能的来源：

$$C = \sum c_i + c_{bc} + c_{tc} + c_{ic} \qquad (14-1)$$

式中，C 为目标网格的总贡献浓度，c_i 为标识来源 i 对目标网格的贡献浓度，c_{bc}、c_{tc} 和 c_{ic} 分别为外边界条件、上边界条件和初始条件对目标网格的贡献浓度。需要指出的是，这里的外边界条件为第一区域的外边界条件，母区域的源解析信息可通过子区域的边界条件传递到子区域，因此，在最细区域，模式不仅可以追踪本区域划分的空间标识来源的污染物，还可追踪到区域外的标识来源的污染物，这样可避免信息缺失。

假设前体物 A 在一个时间步长 Δt 后通过化学反应生成二次产物 B，即 $A \rightarrow B$。前体物 A 的源解析为

$$a_i(t+\Delta t) = a_i(t) + \Delta A \frac{a_i}{\sum a_i} \qquad (14-2)$$

式中，i 为污染物的来源（包括不同地区、排放时段或者行业源排放，外边界条件、上边界条件、初始条件）；在目标网格，a_i 为第 i 类源对前体物 A 的贡献浓度；ΔA 为单位时间 Δt 内 A 的浓度变化；t 表示时间，Δt 表示时间步长。上式说明前体物根据自身的排放源进行来源贡献分配。而化学生成的产物 B 的源解析为

$$b_i(t+\Delta t) = b_i(t) + \Delta B \frac{a_i}{\sum a_i} \qquad (14-3)$$

上式说明二次污染物 B 的生成根据前体物 A 分配来源贡献。

另外，某些气溶胶化学反应在每个时间步长都达到平衡，即 $A \leftrightarrow B$，其源解析也达到化学平衡：

$$a_i(t+\Delta t) = [a_i(t) + b_i(t)] \times \left(\frac{A}{A+B}\right) \qquad (14-4)$$

$$b_i(t + \Delta t) = \left[a_i(t) + b_i(t) \right] \times \left(\frac{B}{A + B} \right) \qquad (14-5)$$

式中，A 和 B 分别为污染物浓度。达到气溶胶化学平衡的有气态硝酸和硝酸盐、气态氨和铵盐等。

14.3 颗粒物来源识别案例分析

以 2014 年 10 月广东省梅州市 $PM_{2.5}$ 来源为案例进行分析（沈劲等，2016）。按行政区划把模拟区域划分为 35 个区域（见图 14-1），主要使用 CAMx 的 PSAT 模块计算出本地、广东省其他城市与省外排放对梅州市的 $PM_{2.5}$ 贡献。2014 年 10 月的大部分时间梅州本地排放的贡献大于 80%（见图 14-2、图 14-3），其中上旬与下旬污染较严重的时段省外的贡献超过 20%，但在中旬的污染时段，省外的贡献则相对较少。在 10 月的任意一天，广东省其他城市对梅州的 $PM_{2.5}$ 浓度贡献均较少，可忽略不计。这主要是由于梅州市地处广东、江西与福建的交界处，秋季受东北季候风的影响，江西与福建等省的污染物会向梅州输送，但广东省其他城市均处于梅州下风向，对梅州影响较少。而梅州本地排放的贡献较大，跨省输送的影响远比不上本地排放的贡献，这表明梅州 $PM_{2.5}$ 污染主要是以本地的来源为主。

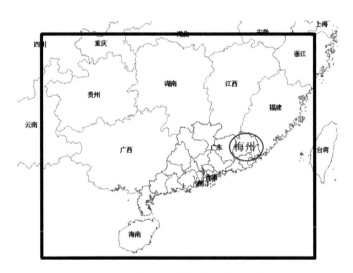

图 14-1 模拟区域排放源分区示意图

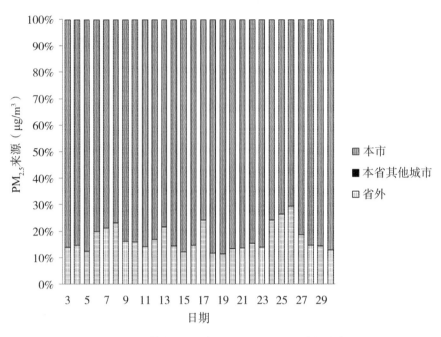

图 14 -2　梅州 2014 年 10 月逐日 PM$_{2.5}$来源比例

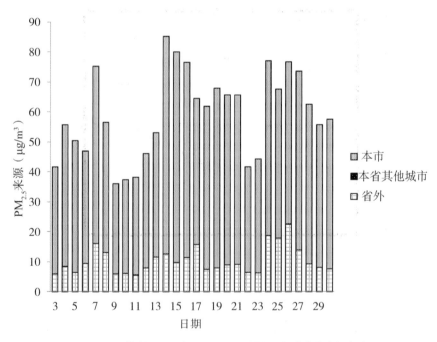

图 14 -3　梅州 2014 年 10 月逐日 PM$_{2.5}$绝对浓度来源解析

14.4 臭氧来源追踪技术原理

臭氧来源追踪技术最重要的特点之一是臭氧生成贡献来源的计算是基于 VOCs/NO$_x$ – limited 或者过渡带等条件来计算的。臭氧来源追踪技术在一次模拟中同时在线追踪其前体物（VOCs 和 NO$_x$）以及由前体物生成的臭氧。需要指出的是，源解析是在化学反应、传输、扩散和排放源等物理化学过程中追踪前体物，因此，示踪物可称为臭氧反应示踪物。源解析可以在一次模拟中解析多个目标区域的贡献。来源分类可以定义成地理区域、排放源类别或者排放时段。另外，数值模式的初始条件、外边界条件和上边界条件作为独立的来源。需要指出的是，这里的外边界条件为第一区域的外边界条件，母区域的源解析信息可通过子区域的边界条件传递到子区域，因此，在最细区域，模式不仅可以追踪本区域划分的空间标识来源的污染物，还可追踪到区域外的标识来源的污染物，这样可避免信息缺失。

臭氧源解析模式可解析每个标识来源（例如：地理区域、排放源类别、各排放时段以及初始、外边界和上边界条件）的臭氧及其前体物。这些示踪物可以归为以下 4 类：

（1）N$_i$：NO$_x$ 示踪物，由地理区域、源类别、各时段排放的 NO$_x$ 标识为来源 i。

（2）V$_i$：VOCs 示踪物，由地理区域、源类别、各时段排放的 VOCs 标识为来源 i。

（3）O$_3$V$_i$：在 VOCs 控制条件下生成的臭氧，来源 i 由 VOCs 来源 i 的权重计算而得。

（4）O$_3$N$_i$：在 NO$_x$ 控制条件下生成的臭氧，来源 i 由 NO$_x$ 来源 i 的权重计算而得。

臭氧源解析模式是敏感性分析和过程分析的综合方法，该方法以示踪的方式获取有关臭氧及其前体物生成（或排放）和消耗的信息，并统计不同地区、不同种类的污染源排放、不同排放时段以及初始条件和边界条件对臭氧生成的贡献。臭氧源解析技术的关键在于以下两个方面：

（1）臭氧生成是受 NO$_x$ 控制还是 VOCs 控制的判别。

（2）如何实现对臭氧及其前体物的完全追踪，即排放、传输、扩散、沉降和化学反应等全过程追踪。

14.5 臭氧来源追踪案例分析

以 2014 年 10 月梅州市大气臭氧来源为案例进行分析（沈劲等，2017）。按行政区划把模拟区域划分为 35 个区域，使用 CAMx 模型的 OSAT 模块，得到各区域对梅州市的臭氧贡献，因源排放清单与模拟的气象场均存在一定的误差，而模拟得出的臭氧浓度及各区域的臭氧贡献同样也会存在一定误差，为充分反映实测臭氧浓度的来源，先把模拟结果作归一化处理，算出各区域对梅州市区臭氧贡献的百分比，之后乘以对应时刻的实测臭氧浓度，得到每小时梅州市的绝对臭氧浓度来源。

从 2014 年 10 月的平均结果来看，梅州市的臭氧有 60%～70% 是背景浓度（即来自模拟区域外的臭氧输送），在臭氧浓度相对较高的午后等时段，背景浓度所占比例下降。除背景浓度外，对梅州市区臭氧贡献较大的区域为福建省，在午后约有 20% 的臭氧来自福建省的臭氧前体物排放（见图 14-4）。臭氧贡献排在第二位的是江西省，梅州市区的臭氧约有 10% 来自江西省臭氧前体物的排放。另外，梅州本地排放对午后市区臭氧浓度也有较大贡献，但不足 10%，广东省其他地区对梅州的臭氧贡献较少，可忽略。秋季梅州市区的臭氧来源于其北面的省外地区主要与气候条件相关，10 月主要受偏北风的影响，处于广东、福建和江西三省交界处的梅州容易受北面地区的污染物远距离输送影响。

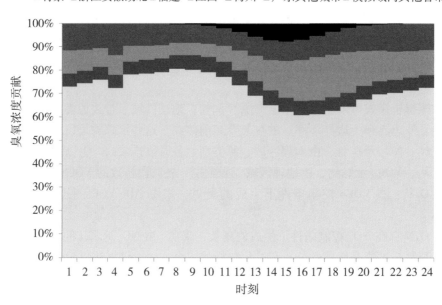

图 14-4　2014 年 10 月各区域对梅州市臭氧贡献百分比

从臭氧绝对浓度贡献方面分析，本地排放对梅州市的臭氧贡献在 15 时前后可达 10 μg/m³ 左右（见图 14-5）。背景浓度在晚上与清晨为 30 μg/m³ 左右，但在日出后会快速上升，达 80 μg/m³ 以上，背景浓度的上升主要是因为背景 NO_x 与 VOCs 反应生成臭氧。对梅州臭氧浓度贡献较大的地区还有福建省，在夜间臭氧浓度贡献 1 ~ 4 μg/m³，但在日间会迅速上升到 20 μg/m³ 以上。江西省对梅州市的臭氧绝对贡献相对比较稳定，在夜间为 4 ~ 5 μg/m³，午后为 10 μg/m³ 左右。而更北面的浙江、安徽和湖北三省对梅州的臭氧也有几个 μg/m³ 的贡献。

按排放源的类别来划分，除背景浓度外，梅州市臭氧主要来源于火电、工业高架源与飞机高空排放，在任意时刻占比超过 10%，其次是天然源和交通源，这两类源在午后的臭氧贡献可分别达 10% 以上（见图 14-6）。生活源和工业面源对梅州市的臭氧贡献较轻微，其他类型的源对梅州市区的臭氧贡献接近零。这与梅州市人口相对较少、工业相对不发达、植被茂盛等情况相一致。

从各类源的绝对浓度贡献来看，火电、工业与飞机等高架排放源在午后对梅州市区的臭氧贡献可达 10 μg/m³ 以上，在 16 时前后最高可达 20 μg/m³ 以上（见图 14-7），

背景 ■浙江安徽湖北■ 福建 ■江西 ■梅州■广东其他城市■模拟域内其他省市

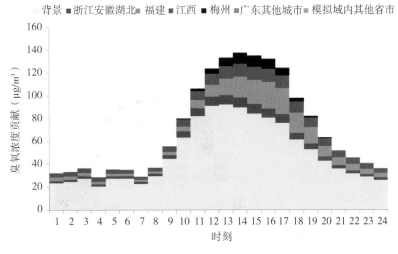

图 14-5 2014 年 10 月梅州市区臭氧的主要来源

而天然源的臭氧贡献在午后同样可达 10 μg/m³ 以上，在 14 时左右最高可达 17 μg/m³。交通源的臭氧贡献相对较低，但在 16 时前后仍可达 10 μg/m³ 以上。生活源与工业面源在午后的贡献为 2～3 μg/m³，是对臭氧浓度贡献较小的排放类别。其他源的臭氧贡献则接近零，可以忽略。

天然源的臭氧贡献在 14 时左右达到峰值，这主要是由于天然源排放受光照和温度等的显著影响，在午后达峰值，随后天然源排放强度减弱，而交通源与高架源的臭氧贡献在 16 时左右达到峰值，一方面是排放源有一定的时间规律，另一方面也受气象条件的影响。

背景 ■天然源 ■工业面源 ■交通 ■生活源 ■火电、工业与飞机高空排放 ■其他

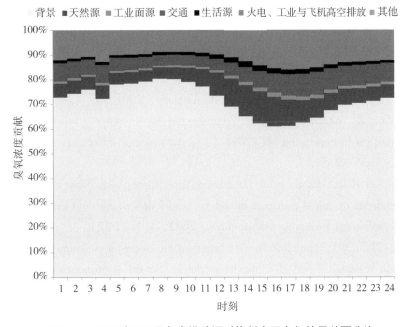

图 14-6 2014 年 10 月各类排放源对梅州市区臭氧的贡献百分比

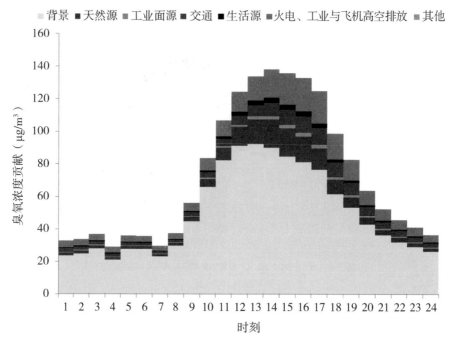

背景 ■天然源 ■工业面源 ■交通 ■生活源 ■火电、工业与飞机高空排放 ■其他

图 14-7　2014 年 10 月梅州市区臭氧的主要来源（使用 10 月 3—30 日结果平均值）

参考文献

［1］沈劲，汪宇，曹静，等. 粤东北地区秋季臭氧来源解析与生成敏感性研究［J］. 环境科学与技术，2017，40（4）：100-106.

［2］沈劲，汪宇，潘月云，等. 粤东北地区秋季 $PM_{2.5}$ 组分模拟与来源分析［J］. 环境工程，2016，34（9）：84-88.

［3］唐孝炎，张远航，邵敏. 大气环境化学：第 2 版［M］. 北京：高等教育出版社，2006.

［4］Kleeman M J, Cass G R A 3D Eulerian source - oriented model for an externally mixed aerosol［J］. Environmental Science & Technology, 2001, 35（24）：4834-4848.

［5］Li J, Wang Z, Akimoto H, et al. Near-ground ozone source attributions and outflow in central eastern China during MTX2006［J］. Atmospheric Chemistry and Physics, 2008, 8（24）：7335-7351.

［6］Ma J Z, Liu H L, Hauglustaine D. Summertime tropospheric ozone over China simulated with a regional chemical transport model-1. Model description and evaluation［J］. Journal of Geophysical Research-Atmospheres, 2002, 107（D22）.

［7］Ma J Z, Zhou X J, Hauglustaine D. Summertime tropospheric ozone over China simulated with a regional chemical transport model-2. Source contributions and budget［J］. Journal of Geophysical Research-Atmospheres, 2002, 107（D22）.

［8］Yang Y J, Wilkinson J G, Russell A G. Fast, direct sensitivity analysis of multidimensional photochemical models［J］. Environmental Science & Technology, 1997, 31

（10）：2859 – 2868.

［9］ Yarwood G, Morris R E, Yocke M A, et al. Development of a Methodology for Source Apportionment of Ozone Concentration Estimates from a Photochemical Grid Model ［R］. Nashville TN：Presented at the 89th AWMA Annual Meeting, 1996, June 23 – 28.

第 15 章 定量解析气象与污染源变化对空气质量影响的方法研究及应用

影响大气污染物浓度的主要因素有气象因素与源排放因素（Wu 等，2013），目前对于大气污染物成分及其来源已有不少研究（李新妹等，2011；陈皓等，2015），但对于 $PM_{2.5}$ 或臭氧等污染物的浓度变化是由气象条件引起还是由排放因素引起还没有较好的方法进行定量判断。本研究设计了一种基于三维空气质量模型与实测数据定量解析气象与源排放因素对颗粒物与臭氧浓度变化影响程度的方法（沈劲等，2017），并以广东省国控城市空气质量监测网为例进行了应用。该方法对于分析污染成因和制订污染防控计划有着积极的意义。

15.1 区分源排放与气象影响的方法

选择所关注时段与基准时段（或对比时段）为研究对象，通过关注时段与基准时段浓度的比较确定浓度的变化。使用中尺度气象模型（如 WRF）和三维空气质量模型（如 CAMx）模拟这两个时段的 $PM_{2.5}$ 和臭氧浓度，两个时段均使用相同的源排放清单，而使用不同的气象资料，以此对比在相同的排放情景下不同气象条件对浓度的影响，并用实测气象资料验证模型对不同时期气象有利程度的估算结果。然后使用实测数据确定实际的浓度变化，再通过对比气象条件改变而导致的浓度变化率与实测浓度变化率，得到源排放改变导致的浓度变化率。技术路线如图 15 – 1 所示。

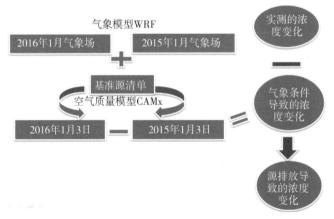

图 15 – 1 气象与源排放变化对臭氧浓度变化的影响技术路线图（以 1 月为例）

15.2　数值模型参数设置

采用的 WRF 模式为 ARW V3.7.1 版本。采用的边界层方案为 MYJ，微物理方案为Lin，采用的积云方案为 Grell-Freitas，短波辐射方案为 RRTMG，长波辐射方案为RRTMG，路面过程方案为 Noah land-surface model。

采用三重嵌套的方式进行运算，网格设置采用兰伯特投影，中心经纬度分别为114°E、28.5°N，各层网络的范围如下：

第一层，覆盖全国。分辨率为 81 千米 ×81 千米，网格数为 89×78。

第二层，覆盖华南地区。分辨率为 27 千米 ×27 千米，网格数为 109×91。

第三层，覆盖广东省及周边地区。分辨率为 9 千米 ×9 千米，网格数为 187×151。

本研究使用的三维空气质量模式为美国 ENVIRON 公司开发的 CAMx 模式，它是同时考虑物理化学过程的网格化模型，在水平平流与垂直对流的物理模型是欧拉连续性方程，而水平与垂直扩散的物理模型为 K 理论，CAMx 模式的算法及参数设置详见表 15－1。

污染源输入主要依据清华大学公布的全国源清单、广东省环境监测中心和香港环境保护署研发的排放清单；同时，为了反映广东省地区污染物排放的变化，参考和借鉴了国内相关污染物源清单的研究成果。

表 15－1　模式系统的设置

模型选项	CAMx
模型版本	6.20
网格嵌套方式	3 重嵌套
水平分辨率	9 千米
垂直分层层数	14
水平平流	PPM
垂直对流	隐式对流
水平扩散	空间异质
垂直扩散	涡流扩散
干沉降	Wesely（1989）的阻力模式
气相化学机理	CB05
气相化学算法	化学机理编译器（CMC）
网格烟羽（PiG）模块	关
边界条件	默认
初始条件	默认

15.3　各城市气象与源排放对不同污染物的影响

选择 2014 年与 2015 年 1 月、4 月、7 月、10 月为研究时段，以 2014 年为基准，2015 年各月同期与之比较确定浓度的变化。通过使用中尺度气象模型 WRF 和三维空气质量模型 CAMx 模拟这两年共 8 个月的 $PM_{2.5}$ 和臭氧浓度，两年均使用 2012 年的源排放清单，而使用不同的气象资料，以此对比在相同的排放情景下，不同气象条件对浓度的影响，并用实测气象资料验证模型对不同时期气象有利程度的估算结果。然后使用实测数据确定实际的浓度变化，再通过对比气象条件改变而导致的浓度变化率与实测浓度变化率，得到源排放改变导致的浓度变化率。

15.3.1　各城市气象与源排放对 $PM_{2.5}$ 浓度变化的影响

从 2014 年与 2015 年 1 月、4 月、7 月、10 月的月均浓度来看，2015 年各季度广东省各地的 $PM_{2.5}$ 浓度总体上呈现下降态势（见表 15 - 2）。其中，2015 年 1 月份所有市（区）的浓度均呈现不同程度的下降，其中西部城市的浓度下降相对较少，中北部地区的浓度下降幅度较大，韶关降幅超 5 成；4 月份除粤西部城市浓度同比有所上升以外，其他城市的浓度均有不同程度的下降，非珠三角城市浓度下降相对较多；7 月份广东各市（区）的 $PM_{2.5}$ 浓度涨跌互现，其中清远、云浮和湛江等地上升幅度较大，清远更是上升了 50%；而 2015 年 10 月大部分地区的浓度有所下降，仅湛江市浓度上升，下降幅度较大的城市有肇庆、韶关与江门等。1 月、4 月、7 月、10 月分别代表了冬、春、夏、秋季，使用这四个月的平均值可基本代表全年的平均情况。平均而言，2015 年广东省各地的 $PM_{2.5}$ 浓度相对 2014 年同期基本上均有所下降，仅湛江市上升了 3%，韶关、肇庆和揭阳的降幅较大，均在 30% 以上。

在排放源清单不变的情况下，2015 年 4 月和 10 月气象条件差异造成广东省各地 $PM_{2.5}$ 模拟浓度普遍要比 2014 年同期低（见表 15 - 3），这表明 2015 年春季与秋季的气象条件相对有利于污染物扩散；2015 年 7 月所有市（区）因气象条件差异，$PM_{2.5}$ 浓度均比上年有所上升，其中广东省中北部和东北部上升相对较少，其余地区上升明显，这表明 2015 年夏季气象条件相对去年同期不利于扩散。气象条件在 2015 年 1 月造成珠三角中南部与广东省西南部地区 $PM_{2.5}$ 浓度下降，但同时导致其他地区浓度上升。平均而言，在排放不变的情况下，2015 年气象条件的变化造成了粤东与粤西部分地区 $PM_{2.5}$ 浓度上升，但对其他地区则有减轻污染的作用（见图 15 - 2），其中，揭阳市 2015 年气象条件较为不利，细颗粒物浓度上升 10%，而珠江口邻近区域 2015 年的气象条件较为有利，导致中山、顺德、珠海、深圳和东莞的 $PM_{2.5}$ 浓度下降 10% 以上（见表 15 - 3），其中中山因气象变化而导致浓度下降幅度高达 18%。

表15-2　广东省各市（区）实测PM2.5浓度变化（单位：μg/m³）

城市	2014年1月	2015年1月	1月升降幅	2014年4月	2015年4月	4月升降幅	2014年7月	2015年7月	7月升降幅	2014年10月	2015年10月	10月降幅	2014年4个月平均	2015年4个月平均	4个月平均升降幅
广州市	93	61	-34%	50	38	-24%	35	28	-20%	59	45	-24%	59	43	-27%
韶关市	106	49	-54%	47	34	-28%	32	26	-19%	67	43	-36%	63	38	-40%
深圳市	62	50	-19%	32	28	-13%	20	19	-5%	46	37	-20%	40	34	-16%
珠海市	69	59	-15%	31	28	-10%	16	18	13%	47	41	-13%	41	37	-10%
汕头市	79	57	-28%	44	34	-23%	21	22	5%	46	37	-20%	48	38	-21%
佛山市	93	58	-38%	43	34	-21%	30	32	7%	66	53	-20%	58	44	-24%
江门市	73	68	-7%	40	29	-28%	25	19	-24%	61	40	-34%	50	39	-22%
湛江市	46	45	-2%	25	25	0	15	19	27%	47	48	2%	33	34	3%
茂名市	90	62	-31%	28	29	4%	22	20	-9%	57	44	-23%	49	39	-21%
肇庆市	105	60	-43%	61	38	-38%	30	25	-17%	69	40	-42%	66	41	-38%
惠州市	68	39	-43%	32	26	-19%	24	21	-13%	44	35	-21%	42	30	-28%
梅州市	75	52	-31%	43	39	-9%	27	26	-4%	60	40	-33%	51	39	-23%
汕尾市	62	49	-21%	39	26	-33%	16	18	13%	46	33	-28%	41	32	-23%
河源市	72	52	-28%	42	37	-12%	28	26	-7%	52	37	-29%	49	38	-22%
阳江市	69	49	-29%	35	28	-20%	17	19	12%	57	45	-21%	45	35	-21%
清远市	100	56	-44%	55	33	-40%	18	27	50%	49	42	-14%	56	40	-29%
东莞市	86	61	-29%	43	33	-23%	31	23	-26%	56	46	-18%	54	41	-25%
中山市	73	53	-27%	35	30	-14%	22	20	-9%	54	46	-15%	46	37	-19%
潮州市	69	63	-9%	59	44	-25%	33	27	-18%	57	39	-32%	55	43	-21%
揭阳市	100	57	-43%	63	39	-38%	28	30	7%	56	47	-16%	62	43	-30%
云浮市	65	51	-22%	25	29	16%	18	24	33%	55	49	-11%	41	38	-6%
顺德区	77	61	-21%	37	34	-8%	28	28	0	61	54	-12%	51	44	-13%

表15-3　2015年与2014年不同气象场导致的 PM$_{2.5}$浓度变化率

城市	1月	4月	7月	10月	平均
广州市	3%	-38%	19%	-15%	-7%
韶关市	7%	-26%	14%	-19%	-5%
深圳市	-9%	-31%	23%	-25%	-14%
珠海市	-7%	-44%	63%	-32%	-14%
汕头市	15%	-17%	35%	-27%	0
佛山市	-1%	-36%	49%	-26%	-8%
江门市	0	-35%	69%	-31%	-8%
湛江市	-5%	-29%	97%	-23%	-4%
茂名市	-5%	-26%	73%	-27%	-5%
肇庆市	8%	-15%	39%	-10%	2%
惠州市	9%	-17%	13%	-14%	-1%
梅州市	21%	-25%	12%	-15%	0
汕尾市	16%	-13%	44%	-21%	1%
河源市	17%	-12%	15%	-20%	0
阳江市	3%	-25%	82%	-11%	1%
清远市	10%	-23%	14%	-12%	-3%
东莞市	-9%	-40%	15%	-25%	-16%
中山市	-14%	-48%	55%	-34%	-18%
潮州市	23%	-13%	24%	-30%	-1%
揭阳市	33%	-12%	35%	-17%	10%
云浮市	12%	-25%	73%	-21%	2%
顺德区	-6%	-46%	45%	-30%	-14%

　　使用实测 PM$_{2.5}$浓度变化率减去因气象变化而导致的浓度变化率，得到各市（区）因源排放变化导致的浓度变化（见表15-4）。总体而言，2015年广东省各地因源排放变化而导致的 PM$_{2.5}$浓度变化普遍为下降，其中，2015年1月与7月，大部分市（区）源排放变化导致 PM$_{2.5}$浓度与2014年同期相比有较明显的下降，仅湛江1月份与清远7月份浓度上升；4月与10月约2/3的市（区）源排放变化导致 PM$_{2.5}$浓度与2014年同期相比有一定程度上升。全年各季度平均而言，全省仅珠海市、湛江市与顺德区的源排放变化使其浓度较2014年有所上升，三地分别上升了4%、7%和1%（见表15-4），这表明由于城市发展，这些区域的源排放难以得到有效控制；其他城市源排放的变化均导致其 PM$_{2.5}$浓度同比下降（见图15-3），其中韶关、肇庆与揭阳因源排放变化而导致的 PM$_{2.5}$浓度下降幅度均高于30%，表明这些城市2015年减排力度相对较大。

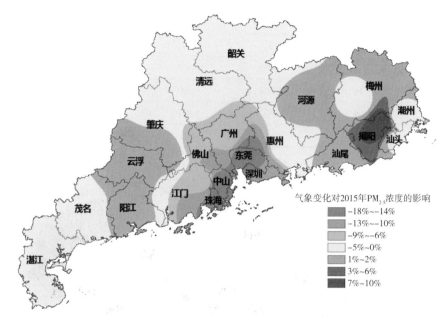

图 15 - 2　气象条件导致的 2015 年与 2014 年 PM$_{2.5}$ 浓度变化率

表 15 - 4　2015 与 2014 年广东各地因源排放变化导致的 PM$_{2.5}$ 浓度变化率

城市	1 月	4 月	7 月	10 月	平均
广州市	-38%	14%	-39%	-9%	-20%
韶关市	-61%	-2%	-33%	-17%	-35%
深圳市	-11%	19%	-28%	5%	-2%
珠海市	-7%	34%	-51%	19%	4%
汕头市	-43%	-6%	-30%	7%	-21%
佛山市	-37%	15%	-42%	6%	-16%
江门市	-7%	7%	-93%	-3%	-13%
湛江市	3%	29%	-70%	25%	7%
茂名市	-26%	29%	-82%	4%	-16%
肇庆市	-51%	-23%	-55%	-32%	-40%
惠州市	-51%	-2%	-26%	-6%	-26%
梅州市	-52%	15%	-16%	-18%	-23%
汕尾市	-37%	-20%	-31%	-7%	-24%
河源市	-44%	0	-22%	-9%	-22%
阳江市	-32%	5%	-70%	-10%	-22%
清远市	-54%	-17%	36%	-2%	-26%
东莞市	-20%	17%	-41%	7%	-9%
中山市	-13%	34%	-64%	19%	-1%

续表 15 - 4

城市	1 月	4 月	7 月	10 月	平均
潮州市	- 32%	- 12%	- 42%	- 1%	- 20%
揭阳市	- 76%	- 26%	- 28%	1%	- 40%
云浮市	- 34%	41%	- 40%	10%	- 8%
顺德区	- 15%	38%	- 45%	19%	1%

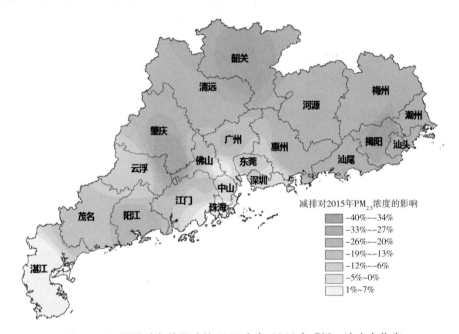

减排对2015年PM$_{2.5}$浓度的影响
- -40%~-34%
- -33%~-27%
- -26%~-20%
- -19%~-13%
- -12%~-6%
- -5%~0%
- 1%~7%

图 15 - 3   源排放条件导致的 2015 年与 2014 年 PM$_{2.5}$ 浓度变化率

2015 年大部分城市 PM$_{2.5}$ 浓度相对去年同期均有所下降,通过对比气象与源排放变化造成的浓度变化率可得到污染改善的原因是人为因素还是自然因素。深圳、珠海、东莞、中山与顺德 PM$_{2.5}$ 浓度下降主要是气象条件好转的结果,即气象影响大于排放变化的影响(见图 15 - 4),当然排放对浓度下降也有一定的作用;湛江 PM$_{2.5}$ 浓度上升主要是排放变化的影响,实际上湛江 2015 年气象条件有降低浓度的作用,但排放年际变化的影响更大,导致了浓度不降反升;其他城市 2015 年浓度下降主要是受排放变化的影响,即通过减排等措施达到了 PM$_{2.5}$ 浓度下降的结果,尽管不少城市得益于有利的气象条件。韶关、肇庆与揭阳这三个浓度显著下降的城市,其气象影响并不是特别有利,但排放变化的影响对浓度的降低十分有利,最终导致其 PM$_{2.5}$ 浓度显著下降。

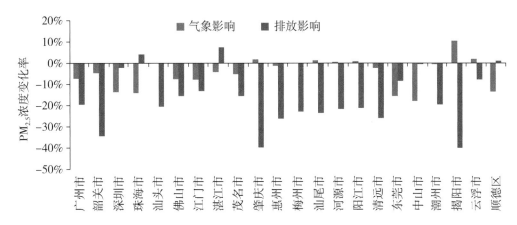

图 15-4　2015 年气象与源排放对不同市（区）PM$_{2.5}$浓度变化的影响（以 2014 年为基准）

15.3.2　各城市气象与源排放对臭氧浓度变化的影响

从 2014 年与 2015 年 1 月、4 月、7 月、10 月的月均浓度来看，2015 年各季度广东省各地的 O$_3$ 浓度总体上呈现下降态势（见表 15-5）。1 月份大部分市（区）的浓度呈现不同程度的下降，其中大部分珠三角城市的浓度降幅相对较大，中山降幅超 3 成，粤东沿海、江门与清远市浓度有不同程度的上升；而 4 月份除揭阳与偏北部部分城市浓度同比略有下降以外，其他城市的浓度均有不同程度的上升，非珠三角城市浓度升幅相对较大；2015 年 7 月份与 10 月份广东各市（区）的 O$_3$ 浓度涨跌互现，其中 7 月清远和湛江等地上升幅度较大，湛江更是上升了 77%，下降幅度较大的城市有韶关与云浮等；而 10 月大部分地区浓度的升降都相对比较温和。1 月、4 月、7 月、10 月分别代表了冬、春、夏、秋季，使用这四个月的平均值可基本代表全年的平均情况。平均而言，2015 年广东省多数城市的 O$_3$ 浓度与 2014 年同期相比基本上均有所下降，阳江市上升幅度较大（19%），云浮和揭阳等的降幅较大，均在 20% 以上。

在排放源清单不变的情况下，2015 年 10 月气象条件差异造成广东省各地 O$_3$ 模拟浓度普遍比 2014 年同期低（见表 15-6），这表明 2015 年秋季的气象条件相对不利于高浓度臭氧污染过程的发生；2015 年 1 月与 4 月，大部分市（区）O$_3$ 模拟浓度均比上年有所上升，其中广东省北部和西部上升相对较少，粤西个别地区更是略有下降，1 月份粤东地区上升明显，4 月份珠三角上升较多，这表明 2015 年春季气象条件与 2014 年同期相比更有利于 O$_3$ 的生成。气象条件在 2015 年 7 月造成珠三角中东部与广东省东部地区 O$_3$ 模拟浓度下降，但同时导致其他地区浓度上升。平均而言，在排放不变的情况下，2015 年气象条件的变化造成了广东省中部与北部部分地区 O$_3$ 浓度上升，但对其他地区则有减轻污染的作用（见图 15-5），其中，2015 年顺德的气象条件较为不利，使当地 O$_3$ 第 90 百分位数浓度上升 7%，而粤西与粤东区域 2015 年的气象条件较为有利，导致湛江、江门、云浮和潮州的 O$_3$ 浓度下降 8%～9%（见表 15-6），深圳与梅州因气象变化而导致的 O$_3$ 浓度变化率为 0。

表15-5 广东省各市（区）实测O₃浓度变化（单位：µg/m³）

城市	2014年1月	2015年1月	1月升降幅	2014年4月	2015年4月	4月升降幅	2014年7月	2015年7月	7月升降幅	2014年10月	2015年10月	10月升降幅	2014年4个月平均	2015年4个月平均	4个月平均升降幅
广州市	128	99	-23%	125	163	30%	225	165	-27%	186	135	-27%	172	147	-15%
韶关市	111	110	-1%	123	138	12%	193	130	-33%	171	141	-18%	159	134	-16%
深圳市	119	118	-1%	119	138	16%	143	112	-22%	147	164	12%	136	139	2%
珠海市	142	106	-25%	114	141	24%	110	125	14%	202	201	0	161	162	1%
汕头市	122	128	5%	119	158	33%	110	121	10%	158	177	12%	140	150	7%
佛山市	131	116	-11%	132	149	13%	198	160	-19%	182	140	-23%	177	145	-18%
江门市	120	141	18%	138	163	18%	145	127	-12%	194	156	-20%	169	156	-8%
湛江市	164	137	-16%	123	130	6%	64	113	77%	155	198	28%	154	151	-2%
茂名市	150	131	-13%	109	133	22%	99	107	8%	165	172	4%	148	144	-3%
肇庆市	122	114	-7%	129	151	17%	186	145	-22%	206	170	-17%	187	153	-18%
惠州市	161	126	-22%	117	153	31%	168	125	-26%	165	137	-17%	163	137	-16%
梅州市	128	96	-25%	135	133	-1%	130	113	-13%	154	124	-19%	142	122	-14%
汕尾市	150	133	-11%	142	160	13%	150	109	-27%	175	170	-3%	156	146	-6%
河源市	140	116	-17%	132	155	17%	137	131	-4%	160	146	-9%	152	137	-10%
阳江市	148	127	-14%	116	162	40%	100	120	20%	157	185	18%	136	162	19%
清远市	106	117	10%	146	144	-1%	90	123	37%	174	124	-29%	139	135	-3%
东莞市	169	168	-1%	157	197	25%	248	194	-22%	191	173	-9%	190	179	-6%
中山市	133	89	-33%	130	149	15%	192	145	-24%	174	190	9%	170	122	-12%
潮州市	140	166	19%	146	197	35%	128	132	3%	190	198	4%	175	175	0
揭阳市	171	130	-24%	182	133	-27%	125	128	2%	180	185	3%	178	140	-21%
云浮市	134	101	-25%	110	105	-5%	124	60	-52%	175	81	-54%	150	96	-36%
顺德区	150	106	-29%	162	162	0	197	156	-21%	200	172	-14%	188	160	-15%

表 15-6 2015 年与 2014 年不同气象场导致的 O_3 浓度变化率

城市	1 月	4 月	7 月	10 月	平均
广州市	7%	14%	-12%	-17%	2%
韶关市	0	5%	-2%	-14%	-2%
深圳市	7%	15%	-23%	-18%	0
珠海市	6%	16%	5%	-19%	1%
汕头市	14%	11%	-14%	-24%	-2%
佛山市	3%	13%	-6%	-19%	-3%
江门市	6%	15%	21%	-23%	-8%
湛江市	5%	-2%	16%	-18%	-9%
茂名市	5%	-5%	9%	-15%	-7%
肇庆市	1%	4%	3%	-13%	-2%
惠州市	4%	7%	-19%	-16%	-3%
梅州市	9%	16%	-7%	-4%	0
汕尾市	17%	7%	-22%	-12%	-2%
河源市	3%	1%	-23%	-12%	-4%
阳江市	1%	1%	8%	-17%	-6%
清远市	0	5%	-8%	-19%	2%
东莞市	5%	12%	-14%	-18%	3%
中山市	8%	24%	-3%	-14%	5%
潮州市	12%	10%	-4%	-16%	-8%
揭阳市	11%	6%	-11%	-18%	-3%
云浮市	-1%	10%	1%	-18%	-8%
顺德区	6%	19%	-14%	-16%	7%

使用实测 O_3 浓度变化率减去因气象变化而导致的浓度变化率，得到各市（区）因源排放变化导致的浓度变化（见表 15-7）。总体而言，2015 年广东省各地因源排放变化而导致的 O_3 浓度变化涨跌互现，其中 2015 年 1 月大部分市（区）因源排放变化导致 O_3 浓度与 2014 年同期相比有较明显的下降，广州、珠海、梅州、中山、揭阳与顺德的降幅均不低于 30%；4 月、7 月与 10 月约 2/3 市（区）源排放变化导致 O_3 浓度与 2014 年同期相比有一定程度的上升，粤东与粤西地区升幅相对较大。全年各季度平均而言，深圳、粤东与粤西的大部分地区源排放变化使其浓度较 2014 年有所上升，上升幅度最大的是阳江，上升了 26%，湛江、潮州和汕头也有 8% 左右的升幅（见表 15-7），这表明由于城市发展，这些区域的源排放难以得到有效控制；其他大多数城市源排放的变化均导致其 O_3 浓度同比下降（见图 15-6），其中云浮与顺德下降幅度均高于 20%，表明这些城市 2015 年污染控制力度相对较大。

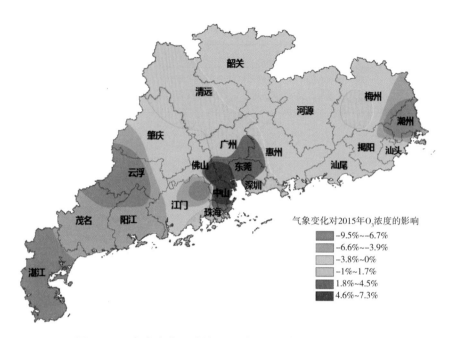

图 15 -5   气象变化导致的 2015 与 2014 年 O_3 浓度变化率

表 15 -7   2015 年与 2014 年广东各地因源排放变化导致的 O_3 浓度变化率

城市	1 月	4 月	7 月	10 月	平均
广州市	−30%	17%	−15%	−10%	−16%
韶关市	−1%	7%	−30%	−3%	−14%
深圳市	−7%	1%	1%	30%	2%
珠海市	−32%	8%	8%	19%	−1%
汕头市	−9%	22%	24%	36%	9%
佛山市	−15%	0	−13%	−4%	−15%
江门市	12%	3%	−33%	4%	0
湛江市	−22%	7%	61%	46%	8%
茂名市	−18%	27%	0	19%	4%
肇庆市	−7%	13%	−25%	−5%	−16%
惠州市	−25%	24%	−7%	−1%	−13%
梅州市	−34%	−17%	−6%	−16%	−14%
汕尾市	−28%	6%	−6%	9%	−4%
河源市	−20%	16%	19%	3%	−6%
阳江市	−16%	38%	12%	35%	26%
清远市	10%	−6%	44%	−10%	−4%
东莞市	−5%	13%	−8%	9%	−9%

续表 15 - 7

城市	1 月	4 月	7 月	10 月	平均
中山市	- 41%	- 9%	- 22%	23%	- 17%
潮州市	7%	25%	7%	20%	8%
揭阳市	- 35%	- 33%	13%	21%	- 18%
云浮市	- 24%	- 15%	- 52%	- 36%	- 28%
顺德区	- 35%	- 19%	- 7%	2%	- 22%

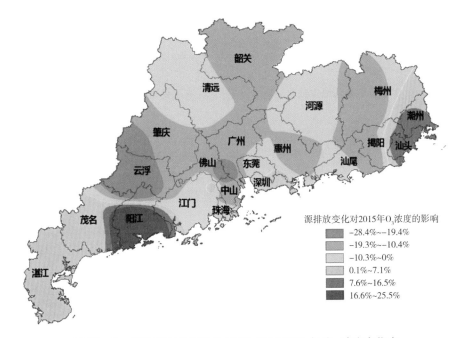

图 15 - 6　源排放变化导致的 2015 年与 2014 年 O_3 浓度变化率

　　2015 年大部分城市 O_3 浓度均相对去年同期有所下降，通过对比气象与源排放变化造成的浓度变化率可得到污染改善的原因是人为因素还是自然因素。江门、湛江、茂名与潮州 O_3 浓度下降或持平主要是气象条件好转的结果，即气象影响大于或等于排放变化的影响（见图 15 - 7），排放变化对 O_3 浓度下降有一定的反作用；阳江与汕头 O_3 浓度上升主要是排放变化的影响，实际上 2015 年气象条件有降低浓度的作用，但排放年际变化的影响可能更大，导致了浓度不降反升；深圳与珠海气象条件与源排放对 O_3 浓度的影响均不明显，表明这两个城市近两年与 O_3 生成相关的气象条件与排放变化不大。其他城市 2015 年浓度下降主要是受排放变化的影响，即通过减排等措施达到了 O_3 浓度下降的结果，尽管不少城市也得益于有利气象条件的帮助。云浮、顺德与揭阳等浓度显著下降的地区，其气象影响对浓度下降的贡献相对不大，但排放变化的影响对浓度的降低十分有利，最终导致其 O_3 浓度显著下降。

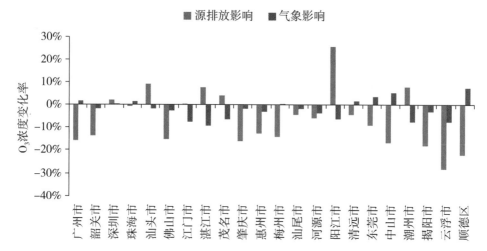

图 15 – 7　2015 年气象与源排放对不同市（区）O₃ 浓度变化的影响（以 2014 年为基准）

参考文献

［1］陈皓，王雪松，沈劲，等. 珠江三角洲秋季典型光化学污染过程中的臭氧来源分析［J］. 北京大学学报（自然科学版），2015（4）：620 – 630.

［2］李新妹，于兴娜. 灰霾期间气溶胶化学特性研究进展［J］. 中国科技论文，2011（9）：661 – 664.

［3］沈劲，汪宇，潘月云，等. 广东省气象与源排放因素对 PM₂.₅ 浓度影响的数值模拟研究［J］. 安全与环境工程，2017，24（1）：45 – 50.

［4］Wu D，Fung J C H，Yao T，et al. A study of control policy in the Pearl River Delta region by using the particulate matter source apportionment method［J］. Atmospheric Environment，2013，76：147 – 161.

［5］Wu M，Wu D，Fan Q，et al. Observational studies of the meteorological characteristics associated with poor air quality over the Pearl River Delta in China［J］. Atmospheric Chemistry and Physics，2013，13（21）：10755 – 10766.

第16章 减排情景设计与空气质量改善成效评估

针对广东省大气污染所呈现的"区域一体化"趋势，在各种减排措施的整体设计过程中，同时考虑一次污染物的空气质量达标问题和二次污染物达标需求，在满足预报的前提下，利用更新与升级的多模式集合数值预报系统，建立起一整套污染控制情景快速构建与评估方法体系。

16.1 情景设计与成效评估方法体系

基于空气质量数值模式，根据具体的空气质量达标要求，可以建立一套包含空气质量达标需求分析、污染减排方案情景设计、污染减排方案评估与优化的快速分析方法体系，具体见图 16－1。该体系根据设定的污染物浓度削减需求，生成多种情景减排方案，对各种情景减排进行模拟与评估，并对控制情景进行修改，最终选出针对达标目的可行的情景减排方案，输出具体减排方案和该方案下模拟的污染物浓度结果，评估各情景下控制措施的空气质量改善成效，本文以广东省的应用为例展开详细讨论。

16.2 污染控制情景的设计

污染控制情景的设计，要求在参考区域现有大气污染排放源减排措施的基础上，基于不同阶段的空气质量达标需求或用户输入的实际减排要求，进行不同目标年控制情景的设计。以广东省的应用为例，情景设计的区域范围为广东省或用户关注的主要城市，每个目标年份设计 1 个基线情景和多个反映不同社会经济发展水平与污染源减排控制水平等因素的减排情景。减排情景可支持对各种主要大气排放源进行污染物排放量削减设置，并提供污染减排措施自定义组合功能。若达标要求为远期空气质量达标需求，则应处理形成逐年的减排规划。

16.2.1 基线预测因子建立

建立预测目标年基线情景清单所使用的预测因子，预测因子精确至二级排放源分类，预测依据包括经济增长、各行业产值和产量增长、产业结构变化、机动车保有量变化、能源消耗以及人口等因素对排放量变化的影响，建立预测因子时，以近 5 到 10 年

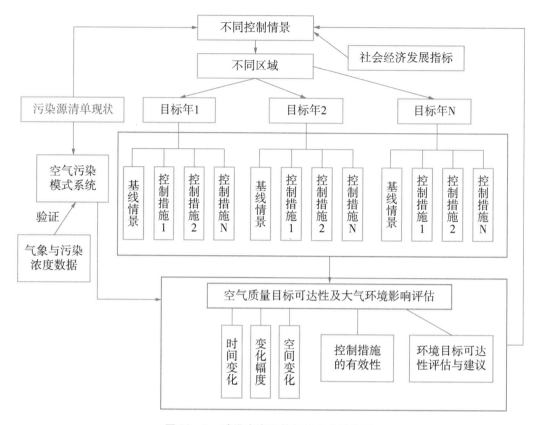

图 16 - 1 减排方案评估与优化方法体系

的相关历史统计数据作为参考。

拟利用调研收集到的广东省经济社会发展数据及资料,预测广东省目标年的经济增长、各行业产值和产量增长、产业结构变化、能源消耗以及人口的增长量等因素,在已建立的基准年广东省高时空分辨率大气排放源清单基础上,综合考虑不同大气污染物排放源的排放现状以及特征,分析对各排放源排放情况产生重要影响的相关因素(如经济发展、控制政策),选取合适的预测因子,根据其预测值,结合广东省现有的大气防治措施,建立广东省目标年大气污染源预测高分辨率排放清单(或称为"基线情景清单"),以供规划方案控制情景设计和评估减排效果等使用。

(1)GDP 预测。通过分析 2008—2015 年的《广东省统计年鉴》《广东省各市统计年鉴》等统计资料,结合增长曲线预测法(如龚珀兹增长曲线等)分析 GDP 随时间的变化规律性,即用增长曲线模型描述经济变量随时间变化的规律性。

(2)人口规模预测。通过对广东省各市过往常住人口增长和城镇化水平发展趋势的拟合分析结果得到各市常住人口增长预测系数。主要通过采用广东省各城市总体规划的预测结果,结合 2008—2015 年的《广东省各市统计年鉴》《广东省人口普查主要数据公报》等数据资料,综合分析预测广东省各市常住人口预测增长值。

(3)能源预测。通过分析广东省各市近年来能源消耗变化趋势,各市燃煤、燃油能源消耗占当年总能源消耗的比例,单位 GDP 和单位工业总产值能耗水平,以及各市单位 GDP 能源消耗情况等历史数据，采用增长曲线预测法（如龚珀兹增长曲线等），结合相关能源预测数据分析，综合分析预测广东省各市能源发展情况。

（4）工业行业产值/产量增长预测。通过对广东省各市主要工业行业的工业产值历史数据发展趋势进行拟合分析，采用增长曲线预测法并综合参考国家、广东省的产业发展导向性政策以及"十三五"规划等各主要产业发展专项规划对未来产业发展方向的设定进行预测，预测分析的工业行业包括：酒类生产、化学品/橡胶/塑料行业、造纸与纸浆工业、石油精炼、印刷业、电子产品制造、食品与饮料、轻工业制造、重工业制造、采矿/矿物冶炼、非金属矿物产品等。最后，综合分析得到广东省各市主要工业行业规划年工业产值的增长趋势。

16.2.2　减排情景方案制定

减排情景方案制定依据国家、广东省及珠三角地区等区域现有及未来社会经济发展规划、环境相关法律法规和规划、政策。设计用户关注的主要城市减排情景方案时，要考虑目标城市本身及其周边城市现有大气污染控制措施或未来规划的影响。主要通过收集调研国内外大气污染物控制技术，以及目前广东省大气污染源的排放情况和控制技术水平，分析不同污染控制技术的污染物减排情况以及使用情况。结合国家、广东省及珠三角地区未来社会经济发展规划、能源和环境相关法律法规和规划、政策，以及借鉴其他地区的控制案例，从现有污染源治理以及新建污染源管理两部分，综合考虑能源政策、产业结构调整、区域规划、技术水平，以及经济发展速率等因素，开展控制情景设计研究，设计不少于 4 套反映不同发展特征与控制水平等因素的控制情景方案。现就初步计划拟定的 4 套控制情景方案的简要说明如下：

（1）基线情景（方案 1）。在该方案下，广东省各城市或用户关注的主要城市延续基准年现有的污染控制措施，而不采取进一步控制措施，反映污染物随经济社会发展变化的情况。

（2）基准控制情景（方案 2）。在该方案下，广东省各城市或用户关注的主要城市采取目前已经出台的空气质量提升计划所提到的常规性控制措施。

（3）加严控制情景（方案 3）。广东省各城市或用户关注的主要城市采取严于基准控制情景的措施，在原有的措施要求基础上，加强污染控制的范围和控制的力度。

（4）综合强化控制情景（方案 4）。在加严控制情景的基础上，进行经济、产业、能源等结构调整，以期进一步改善环境空气质量。

16.3　减排潜力分析与控制情景清单建立

基于污染物浓度削减需求设计多种情景减排方案，分析各个控制情景主要排放源不同控制措施的污染物减排潜力。对已制定的控制情景中控制措施的减排能力的识别，要分别考虑各控制情景下各类措施的减排率，在已建立的广东省高分辨率排放源清单的基础上，根据预测目标年大气污染物排放基线情景，结合不同控制技术、管理措施的减排效果和实施力度，分析不同控制情景下主要污染物（包括 SO_2、NO_x、CO、PM_{10}、

$PM_{2.5}$、BC、OC、VOCs、NH_3 等）的减排潜力，在目标年基线清单基础上建立各个污染控制情景方案下的大气污染源排放清单（或称为"控制情景清单"），清单建立方法和要求与"广东省大气排放源清单建立"中的工作要求保持总体一致，清单输出格式须满足空气质量模式的需求。

16.4　情景模拟与空气质量改善成效评估

减排环境效益研究的主要目的在于识别有效削减大气污染物排放的政策措施，通过采用相同的评估标准对不同减排情景下的减排环境效益进行评估，可以确定减排效果的优劣，从而有助于决策者结合经济等因素对措施进行比较选择，进而制定最优的污染物减排和控制方案。

（1）空气质量数值模拟平台的搭建与验证。本研究采用 WRF-Chem 与 Models-3/CMAQ 两种空气质量数值模型对不同减排情景下的污染物减排环境效益进行定量的分析和评估。

采用两重嵌套网格进行计算。第一重模拟区域包括了广东、海南、福建等华南大部分地区，水平网格数为 159×159，水平分辨率为 9 千米；第二重模拟区域包括了广东省各城市和邻近城市，水平网格数为 258×258，水平分辨率为 3 千米。模拟区域设置如图 16－2 所示，表 16－1 给出了模式所有的物理和化学参数化方案设置。

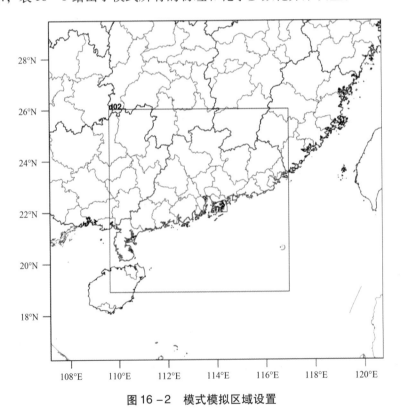

图 16－2　模式模拟区域设置

表 16 -1 空气质量模式中物理和化学参数化方案设置

物理参数化方案		化学参数化方案	
微物理方案	Lin et al. scheme	大气化学机制	RACM
长波辐射方案	RRTM scheme	气溶胶机制	MADE/VBS
短波辐射方案	Goddard short wave scheme	光解机制	F-TUV
城市冠层方案	BEP		
陆面过程	unified Noah land-surface model		
边界层方案	Mellor-Yamada-Janjic TKE scheme		

（2）减排效益评估。分别采用上述两种空气质量模式开展数值模拟，根据用户设定的基线情景与减排控制情景展开模拟研究与减排效益评估，具体实施的步骤如下：

1）根据选定的研究区域及目标年，选择合适的模拟区域、模拟时段与模型参数，利用所收集到的包括风速、风向、太阳辐射强度、温度、大气压强和湿度等气象场监测数据对 WRF 模型进行校验和调试，确定最优的气象模拟参数化方案。利用项目开发的高精度大气排放源清单对 WRF-Chem 模型和 CMAQ 模型进行校验和评估，确定适合模拟区域的模拟输入参数和化学反应模块，以提高模拟平台的可靠性。

2）建立情景源清单的自动读取接口。

3）基于设定的基线情景，对在该情景下建立的网格化清单输入校验后的空气质量模型进行模拟。

4）基于设定的减排情景案例，对不同情景下建立的网格化清单输入校验后的模拟系统进行模拟。

5）以 SO_2、NO_2、O_3、PM_{10}、$PM_{2.5}$ 为目标污染物，采用的评估标准参考用户定义的空气质量改善目标或国家环境空气质量二级标准（GB 3095—2012）。

6）在进行各情景方案效果分析时，先根据不同控制情景方案和减排措施下获得的模拟值（case）与现状模拟值（base）作比计算出污染物浓度水平的相对变化率，再利用观测值乘以上述相对变化率得到不同控制方案中污染物浓度绝对值，用于与规划目标的对比。该方法既充分发挥了空气质量模式的作用，又尽可能地避免模拟结果不确定性带来的影响，从而增强了评估结果的可信程度。

评估内容包括污染物浓度时间变化、变化幅度及强度、污染物浓度变化的空间分布等，以数据和图表的形式定量评估各污染源减排措施的控制效果和有效程度。

（3）根据评估结果，考虑是否需要对控制措施重新进行调整及模拟分析，若所有情景模拟结果均不能满足设定的空气质量需求，针对未达标物种，须再次生成新的优化情景，重新进行情景模拟和评估。最终得到满足各项污染物浓度达标的条件，确定最优减排方案，编写评估报告。

16.5 广东省秋季臭氧污染防治专项行动

近年来，珠三角地区 SO_2、NO_2 和 PM_{10} 浓度呈现平稳缓慢下降趋势，自 2015 年起，

PM$_{2.5}$浓度已经率先实现达标，但O$_3$浓度则出现不降反升的情况。在颗粒物污染逐渐得到控制的形势下，O$_3$污染日益突出，尤其是在秋季，全省O$_3$平均浓度全年最高，珠三角地区容易发生全年最严重的O$_3$重污染事件。为了实现广东省环境空气质量稳定达标、基本消除大气重污染事件、臭氧污染进入下降通道和部分城市空气质量对标国际先进水平的目标，开展《广东省秋季臭氧污染防治专项行动》成效评估研究工作很有必要。

在掌握珠三角地区臭氧污染的基本特征、成因来源、区域输送、前体物排放与臭氧浓度的响应关系的基础上，基于空气质量数值模式，采用情景设计和减排模拟的方法，评估减排措施的成效。在行动前和行动中，评估广东省秋季臭氧污染防治专项行动臭氧实际减排效果和空气质量改善效果，综合评价广东省采取臭氧控制措施的有效性和可操作性，动态评估和调整专项行动的大气污染控制措施。在行动后，验证和评估专项行动期间气象条件和污染调控对环境空气质量的改善作用，为珠三角地区大气污染防治工作和空气质量持续改善提供科学依据与实践经验。具体行动措施如下：

（1）根据本次秋季臭氧污染物防治专项行动中制定的减排措施计划方案、减排量测算结果，以及行动期间实际落实的减排措施和减排数据，估算减排前和减排后两种排放清单，并形成网格化排放清单。

（2）从区域分布特征、污染程度、PM$_{2.5}$组分特征和臭氧前体物浓度等方面，分析数值模式模拟与实况监测的匹配程度，评估模式分析结果的可靠性。

（3）利用数值模式模拟评估用于测算本次专项行动的气象场本身与实际的差异以及可能会导致的空气质量变化情况。

（4）利用数值模式模型评估行动措施对核心区、示范城市及珠三角空气质量的影响。

（5）专项行动结束后，对实际减排情况进行核算，重新使用数值模型进行减排成效的回顾评估。

第 17 章 总结与展望

按照科研引导业务，边研究、边建设、边应用的技术思路，广东省环保部门积极研发建设预报业务平台，并应用于空气质量预报和大气污染防治评估等工作中。经过不断升级完善，该平台逐步在珠三角和广东省全面开展业务化运行，以后将继续在华南区域以及香港和澳门等地推广应用。

17.1 区域空气质量预报系统建设进展总结

目前，广东省已基本建成区域空气质量预报系统并实现业务化运行，在全国同等省级平台中处于较先进的水平。广东省空气质量预报系统的建设现状主要包括：建成广东省级和市级空气质量预报系统、形成区域-城市空气质量预报业务化体系以及建立基于排放源清单和数值模型的大气污染来源解析技术体系三部分。

17.1.1 建成广东省级和市级空气质量预报平台

省级层面，早在 2006 年，依托于国家"863"重大项目，广东省着手建立了珠三角多模式空气质量数值预报系统。后期在中央大气防治专项和省环保专项资金的支持下，通过更新扩展广东省大气排放源清单、建立多模式预报系统、升级配置高性能计算系统和搭建多功能可视化会商中心等，基本建成了广东省空气质量预报业务平台。目前，预报高性能系统计算能力整体峰值性能达到约 50 万亿次/秒，集合了 NAQPMS 等 4 种空气质量数值模式以及神经网络等 5 种统计模型，建立了广东省 2015 年 3 千米×3 千米网格化大气排放源清单，建成了具备八大功能约 60 个子功能模块的预报业务系统，基本实现了中国环境监测总站-省监测中心-各地级市音频和视频互动会商，支撑我省空气质量预报预警工作高效常态化运作。

市级层面，广东省 21 个城市基本完成空气质量预报平台建设，并实现预报信息的业务化发布，主要参考省级预报产品和自身搭建的统计模型开展预报，珠三角部分城市也建立了数值预报模型。

17.1.2 形成区域-城市空气质量预报业务化体系

综合应用上述多项空气质量预报关键支撑技术，服务于我省区域和城市的环境空气质量预报业务实践。组织编制和完善广东省空气质量预报流程规范与工作手册，形成一套基于"六步法"的空气质量预报业务化工作流程，建立并不断完善跨级"省-市"、跨部门"环保-气象"的空气质量预报会商业务机制，每日开展全省四大片区和21个地级市未来3天空气质量等级和首要污染物预报以及珠三角区域未来5天趋势预报，并于2017年以来，初步开展华南区域空气质量预报信息会商与发布。通过长期的业务实践，形成了稳定的区域-城市空气质量预报业务化体系，并通过电视、网页、微信、手机APP等多种渠道实现信息发布，扩展了服务范围、提高了服务时效性，为社会生产和生活提供了及时有效的信息指引。此外，建立了应对大气重污染的应急工作模式，为我省大气污染持续改善提供技术支持。

17.1.3　建立基于排放源清单和数值模型的大气污染来源解析技术

建立了基于排放源清单和数值模型的大气污染来源解析技术，搭建了$PM_{2.5}$和O_3的业务化来源解析功能模块，可从地区和行业等角度快速解析区域和城市$PM_{2.5}$和O_3的来源，基本满足区域临近3天大气污染来源解析和短期突发大气污染过程快速追因溯源的业务需求。

17.2　现阶段的主要技术瓶颈与难题

17.2.1　高性能计算和存储能力需要不断提升

目前广东省空气质量预报系统同时应用于广东省分片区、21个地市和华南区域四省的常规空气质量业务化预报工作，业务繁多，硬件系统超负荷运转，难以支撑华南区域的空气质量预报工作，亟须拓展建设华南区域空气质量预报预警系统。

17.2.2　系统功能需要根据大气环境管理需求不断完善

现有预报系统处于"边建设、边应用、边完善"的阶段，因此，存在大气排放源清单更新频次相对较慢、极端气象条件下数值模型模拟偏差相对较大，以及污染物减排成效评估和可视化业务会商等系统功能模块不尽完善等问题，需要继续对其进行全面的升级和完善。目前广东省区域和城市发布的空气质量预报信息大多仅限于未来1至3天的空气质量等级和首要污染物类别，精细化程度和时效性均有待提高，且现有模型的最长预报时效仅为7天，不足以支撑城市精细化预报、中长期趋势预报业务以及华南区域空气质量预测预报业务。

17.2.3　大气污染来源追踪与解析结果不确定度较大

数值模型来源解析结果受到排放源输入、气象场和边界条件等因素的误差影响，而现有排放源清单在时效性和本地代表性方面仍然存在一定不足，因此，解析结果同样存在较大的不确定性。此外，现阶段模型解析出来的排放源类别较为粗泛，时空分辨率不够精细，与大气污染的精准施策和空气质量精细化管理需求还有差距。

17.3　空气质量预报系统建设与应用展望

17.3.1　升级完善空气质量预报系统，构建全省精细化预报体系

（1）更新完善广东省大气排放源清单。利用最新可获取的排放源活动水平数据和本地化排放因子，更新完善广东省大气排放源清单数据库，并建立高时空分辨率的网格化源清单，为空气质量模式提供时效性更强、可靠性更高的排放源输入数据。

（2）新建预报成效综合评估系统。使用多种指标和方法对模式预报和预报员人工预报结果开展全面长期的评估，在此基础上，探索建立空气质量回顾和预报成效综合评估系统，及时总结预报经验，加强不利天气条件下的空气质量预报与回顾评估，提高对污染过程的提前捕捉和综合研判能力。

（3）强化大气污染来源追踪与解析。更新完善大气排放源清单，集成大气成分监测数据和立体监测数据，开展模型实时同化和校验，不断优化大气数值模型来源解析功能，形成基于时间、区域和行业的大气污染来源追踪和解析业务技术体系，支撑大气污染精细化管理。

（4）升级广东省空气质量可视化业务会商系统。升级省级和各地市会商系统，增设光纤专线，构建区域 VPN 专网，形成高品质的可视化业务会商系统。

（5）构建全省精细化预报业务体系。通过多维多源数据融合、实时同化和参数化方案本地化调优等方法，优化完善空气质量数值预报系统，构建全省短期精细化和中长期潜势相结合的空气质量预报体系，将区域和城市空气质量精细化短期预报提高至 2 到 3 天，趋势性预报提高到 5 到 10 天，从现有的空气质量等级和首要污染物类别预报向分阶段 AQI 数值和污染物浓度预报跨越，探索研究环境空气健康风险评价体系及环境空气健康指数预报技术，为公众提供更丰富的精细化预报产品信息服务。

17.3.2　拓展空气质量预报系统，建设华南区域预测预报中心

（1）集成多维多源监测数据，形成区域空气质量数据中心。进行空气质量监测数据、大气成分监测数据和立体监测产品的集成、同化应用和展示；建立空气质量实时数据、卫星遥感数据和自然经济数据库，集合形成华南区域空气质量数据中心。

（2）更新和整合主要大气污染排放源清单，形成区域源清单共享机制。更新广东省大气污染源清单；收集整理华南其他省份大气污染物排放源清单；建设华南区域大气污染物排放源清单管理系统；探索建立大气排放源清单数据区域共享机制。

（3）升级扩建可视化业务会商系统，形成区域会商中心。扩容现有的多点控制单元，建设华南区域成员单位业务会商系统、业务信息共享展示系统，实现各省音、视频的互联互通，构建以广东省环境监测中心为中心的华南区域 VPN 专网。

（4）扩展数值预报模型，形成区域大气污染研判中心。提升高性能计算和存储能力，拓展空气质量数值模拟区域及其功能，基本实现区域短期精细化预报和中长期趋势预报功能，支撑开展区域污染来源追踪和解析、污染过程分析、中长期趋势预报，以及

综合评估工作。

（5）加强技术交流，形成统一的区域预测预报工作机制。开展华南区域空气质量联合会商、信息共享、相互校验和联合预报工作，加强区域预报技术人员交流和技术培训，形成统一的预测预报工作机制。